“十三五”高等职业教育规划教材

物联网无线组网实训教程

——基于CC2530的无线传感网技术

主　编　季红梅
副主编　陈　林
主　审　陆　慧

中国铁道出版社有限公司
CHINA RAILWAY PUBLISHING HOUSE CO., LTD.

内 容 简 介

本书以实验为主，在实验中穿插讲解了用到的理论知识，对于理论知识，点到为止，够用即可。本书由基础实验、Basic RF 的无线通信及应用以及综合应用三篇构成。基础实验包括 23 个实验，主要介绍了 CC2530 基础知识、I/O 控制、中断、时钟、UART 串口通信等知识点。Basic RF 无线通信及应用包括 7 个实验，由浅入深，讲解了点对点通信并结合了数据采集定时通信的主要知识点。综合应用结合了两个常用的场景，即智能家居和智能温室系统，来讲解物联网的数据采集以及个域网通信的综合知识点。

本书适合作为高等职业院校物联网嵌入式开发、无线传感网等课程的教材，也可作为工程技术人员进行 CC2530 单片机等项目开发的入门参考资料。

图书在版编目（CIP）数据

物联网无线组网实训教程：基于CC2530的无线传感网技术/
季红梅主编.—北京：中国铁道出版社有限公司，2020.6（2024.8重印）
“十三五”高等职业教育规划教材
ISBN 978-7-113-26949-4

Ⅰ.①物… Ⅱ.①季… Ⅲ.①互联网络-应用-高等职业教育-
教材②智能技术-应用-高等职业教育-教材③无线电通信-传感器-
高等职业教育-教材 Ⅳ.①TP393.4②TP18③TP212

中国版本图书馆CIP数据核字(2020)第090175号

书　　名：物联网无线组网实训教程——基于 CC2530 的无线传感网技术
作　　者：季红梅

策　　划：翟玉峰　　　　编辑部电话：(010) 51873135
责任编辑：翟玉峰　绳　超
封面设计：刘　颖
责任校对：张玉华
责任印制：樊启鹏

出版发行：中国铁道出版社有限公司（100054，北京市西城区右安门西街 8 号）
网　　址：https://www.tdpress.com/51eds/
印　　刷：三河市宏盛印务有限公司
版　　次：2020 年 6 月第 1 版　2024 年 8 月第 4 次印刷
开　　本：850 mm×1 168 mm 1/16　印张：14.25　字数：343 千
书　　号：ISBN 978-7-113-26949-4
定　　价：39.80 元

FOREWORD 前言

CC2530是专门针对IEEE 802.15.4和ZigBee应用的单芯片解决方案，它能够以非常低的材料成本建立强大的网络节点。CC2530 结合了领先的RF 收发器的优良性能、业界标准的增强型 8051 CPU、系统内可编程闪存、8 KB RAM 和许多其他强大的功能。CC2530 具有不同的运行模式，使得它尤其适用于超低功耗要求的系统。CC2530 F256 结合了得州仪器的业界领先的黄金单元 ZigBee 协议栈（Z-Stack™），提供了一个强大和完整的 ZigBee 解决方案。

ZigBee 是一种崭新的，专注于低功耗、低成本、低复杂度、低速率的近程无线网络通信技术，也是目前嵌入式应用的一大热点。ZigBee 的主要特点有：低功耗、低成本、低速率、近距离、短时延、高容量、高安全、免执照频段。正是由于这些特点，ZigBee 技术将在无线传感网络上有非常广阔的应用，在物联网的个域网应用当中有着重要的一席之地。因此，基于 CC2530 的无线传感网就是物联网的重要课程之一。

本书是由经验丰富的一线教师编写而成的，结合了目前“1+X”中“传感网应用开发”职业技能等级标准的中级标准，符合高职院校的定位。也结合了近五年来全国职业技能大赛物联网技术应用赛项的物联网感知层设备配置与调试的赛题，对课程案例进行了精心的编排。

本书共分为三篇：基础实验、Basic RF 的无线通信及应用和综合应用。

基础实验（第 1~7 章）：第 1 章介绍了单片机的基础知识、CC2530 的基础知识以及 IAR 开发平台的使用；第 2 章讲述了 CC2530 的 I/O 控制；第 3 章介绍了中断原理与外中断的设计及实验；第 4 章介绍了定时器与定时中断，并设计了相应的实验；第 5 章详细讲解了 UART 串口通信的相关知识，并设计了 3 个实验，使得读者能够掌握 UART 通信的设计；第 6 章重点讲解了模拟量和开关量的数据采集在单片机中的实现；第 7 章讲解了 CC2530 的其他方面的应用。

Basic RF 的无线通信及应用（第 8、9 章）：第 8 章讲解了 Basic RF

编程环境的配置，并设计了4个实验让读者掌握Basic RF无线通信的基本知识。第9章设计了3个实验组成了一个应用实例——基于Basic RF的定时数据监测。

综合应用（第10、11章）：第10章讲解了智能家居系统综合应用，第11章讲解了智能温室系统综合应用。

由上可以看出，本书层次分明、思路清晰、结构紧凑，并且具有基础知识全面、重点突出、解决方案实用、可操作性强、开发过程详细等特点，能帮助读者快速掌握无线传感网的基础知识。

本书由季红梅任主编，陈林任副主编，张轶昀、冉跃龙参与编写。全书由季红梅、陈林负责规划、内容安排、定稿与修改，由陆慧主审。具体分工如下：季红梅负责编写第一篇，季红梅、陈林负责编写第二篇，张轶昀、冉跃龙负责编写第三篇，周飞、陈秋硕协助资料整理。

本书的出版是安徽财贸职业学院“21315教学质量提升计划”中“现代学徒制试点专业”建设项目之一，得到了该项目建设资金的支持。

由于编者水平有限，书中若有疏漏和不妥之处，敬请读者批评指正。

编　者

2020年5月

CONTENTS 目录

第1篇 基础实验

第 2 篇 Basic RF 的无线通信及应用

第 3 篇 综 合 应 用

第1篇

基础实验

基础知识与IAR平台

1.1 单片机基础知识

单片机（Microcontrollers）是一种集成电路芯片，是采用超大规模集成电路技术把具有数据处理能力的中央处理器（CPU）、随机存储器（RAM）、只读存储器（ROM）、多种I/O口和中断系统、定时器/计数器等功能（可能还包括显示驱动电路、脉宽调制电路、模拟多路转换器、A/D转换器等电路）集成到一块硅片上构成的一个小而完善的微型计算机系统，在工业控制、物联网测控领域广泛应用。

1．微型计算机的基本组成

微型计算机由运算器、控制器、存储器、输入设备和输出设备五大功能部件组成，如图1-1所示。

五大功能部件
- 运算器 ┐
- 控制器 ┘ CPU
- 存储器——内存与外存
- 输入设备 ┐
- 输出设备 ┘ I/O端口

图1-1　微型计算机五大功能部件

2．单片机的基本组成

单片机由CPU、内存、输入/输出、定时器等基本功能部件组成，如图1-2所示。

单片机基本功能部件
- CPU
- CPU寄存器 ┐
- 存储器 ┘ 内存
- 输入/输出：I/O端口、A/D采样、串行通信等
- 定时器、时钟源模块等

图1-2　单片机基本功能部件

比较一下微型计算机的基本组成与单片机的基本组成，可以看出，所谓单片机就是采用超大规模集成电路技术在一个CPU芯片里，集成了包含微型计算机的基本功能的几乎所有部件，构成的一个小而完善的微型计算机系统。它具有数据处理能力的中央处理器（CPU）、

随机存储器（RAM）、只读存储器（ROM）、多种 I/O 口和中断系统、定时器 / 计数器等功能。单片机一直是一种在工业控制领域广泛应用的集成电路芯片，现今也广泛应用于物联网行业，成为实现智能家居、智能温控、无线网络遥控等应用的重要组成部分。单片机具有体积小、功能强、可靠性高、低功耗、实时响应快、价格低等特点。过去的常规单片机（例如：80C51），现在拓展开发了无线功能（例如：基于 80C51 的 CC2530 的 ZigBee 技术），使得单片机在物联网行业的应用更是如虎添翼。

3．单片机系统的组成

单片机系统是按照单片机的技术要求和嵌入式对象的资源要求而构成的基本系统。包括：时钟电路、复位电路、扩展存储器、无线网单元部件等。

4．位操作基本知识

微型计算机系统由基本的五大功能部件的硬件（裸机）和软件操作系统构成，并且在软件操作系统（例如：Windows 10 等）安装完成之后，需要安装各种应用软件为用户提供多种功能（例如：常规的 Office 办公软件等）。

单片机系统不包含操作系统，由使用者编写实现相应功能的基础代码，写入内存，加电直接执行。早期的单片机代码都是机器码或汇编程序，使用者学习和使用都比较麻烦。现在各类单片机厂商开发了 C 语言平台的开发环境，用于开发单片机实现各类功能，为我们学习提供了很好的基础平台。但是，任何计算机、单片机的底层代码都是由二进制位构成的，单片机的很多功能都需要对基础的寄存器进行二进制（或十六进制）字节的位做设置操作。下面介绍字节位操作设置算法。

二进制每个位的值域为 0 或 1，8 位二进制位组成 1 字节。每个字节表示十进制 0 ~ 255。二进制表达为：00000000b ~ 11111111b。十六进制表达为：0x00 ~ 0xFF 或者 00h ~ FFh。二进制—十六进制—十进制之间的转换就不在此赘述，读者需要学习并熟悉二进制、十六进制数的表示方式及转换。

提示：计算机中数据的基本单位是字节，不论使用何种进制数表示，起始值均是 0。

十进制、十六进制、二进制数对照表见表 1-1。

表 1-1　十进制、十六进制、二进制数对照表

十进制	十六进制	二进制	十进制	十六进制	二进制
0	0	0000	8	8	1000
1	1	0001	9	9	1001
2	2	0010	10	A	1010
3	3	0011	11	B	1011
4	4	0100	12	C	1100
5	5	0101	13	D	1101
6	6	0110	14	E	1110
7	7	0111	15	F	1111

单片机编程中需要对各类寄存器（特殊的内存单元）进行相关配置来实现相应功能。每个寄存器都是由 8 个位构成 1 字节。每个位的值域只能是 0 或者 1。每个寄存器的每个字节

由 8 位构成，可用 d0~d7 表达。

十六进制数 A2 对应如下：

d7 d6 d5 d4 d3 d2 d1 d0

1 0 1 0 0 0 1 0 b（字母 b，表示该数值为二进制）

单片机的有些寄存器支持位操作，可以直接给某个位对应位的名称赋值为 0 或 1。有些寄存器不支持位操作，当需要给某个位设置 0 或 1 的时候，需要通过对整个寄存器字节进行操作来实现。无论是用哪种方式设置某个位的值，都必须要保证：仅仅改变需要设置的那个位，其他位必须保持不变。所以位操作设置有两种方法：

1）直接访问位

能够直接位访问的，直接设置。

例如：EA=0 或 EA=1（EA 是单片机中的中断控制位的名称，参见附录中表 B-1 的 d7 位）

2）字节访问位

不能够直接位访问的，需要通过字节算法实现位操作且不改变其他位的值。

扫码看解题

问题：要将某字节的 D2 位置 0，即 00110010 B（D7 D6 D5 D4 D3 D2 D1 D0），设计一个算法？

运算符原理：

A&=B　运算数 A 按位与运算数 B，A、B 都是 1 结果是 1，有一个是 0 结果就是 0。

~A　　运算数 A 取反运算，1 → 0，0 → 1。

A|=B　运算数 A 按位或运算数 B，A、B 有一个是 1 结果就是 1。

例如：假设寄存器 P1DIR（端口 1 方向选择寄存器，后续介绍）初值为 00110010 b（0x32）。

P1DIR|=0x04 → 0x36　　相当于置 d2 位为 1

P1DIR&=~ 0x02 → ?　　相当于清零 P1DIR 的 d1 位

总结：将需要处理的位置为 1，其他位都置为 0，将得到的二进制或十六进制的值，与需要操作的寄存器进行以下运算：

置 0：&=~

置 1：|=

提示：字节位操作只能操作需要处理的位，不能改变其他位的状态。

练习：写出置位 d5、d1 位为 0 的算式；写出置位 d6、d0 位为 1 的算式。

扫码看视频

1.2 CC2530 简介

CC2530（无线片上系统单片机）是用于 IEEE 802.15.4、ZigBee 和 RF4CE 应用的一个真正的片上系统（SoC）解决方案。它能够以非常低的总的材料成本建立强大的网络节点，结合了领先的 RF 收发器的优良性能、业界标准的增强型 80C51 CPU、系统内可编程闪存、8KB RAM 和许多其他强大的功能，实现常规工业监控、物联网测控等。CC2530 具有不同的运行模式，使得它尤其适应超低功耗要求的系统。运行模式之间的转换时间短，进一步确保了低能源消耗。

本书后续内容将通过输入 / 输出、定时器、中断应用、A/D 采样等一系列实验，介绍 CC2530 强大功能的应用，以实验的方式，逐步导入知识点，化解单片机理论学习的难点，以实验串联起单片机应用的相关技能。

1.2.1 CC2530 芯片的主要特性

（1）强大的外设功能。具有强大的 5 通道 DMA，可以实现电池电量检测和片内温度检测，具有 8 路可配置分辨率达 12 位的 ADC（模 / 数转换器），2 个支持多种协议的 UART 串口，可以配置把关定时器（俗称“看门狗定时器”），保障程序安全运行。

（2）低功耗。具有多种运行供电模式，可以根据需要进行设置，使得芯片在保障运行的前提下，功耗降到最低。

（3）具有符合 2.4 GHz 的 IEEE 802.15.4 标准的无线收发器。CC2530 只需要极少的外接元件即可实现无线网络通信，且具有极高的接收灵敏度和抗干扰性能。

（4）具备优良性能的微控制器。CC2530 内核为具有优良性能的 80C51，具有可编程闪存，具备在各种供电方式下的数据保存能力。

1.2.2 CC2530 芯片模块框图

CC2530 芯片模块框图如图 1-3 所示。后续将主要介绍的模块有：输出 / 输出（I/O）口、USART 串口、ADC、无线通信、定时器、时钟源、无线通信等。

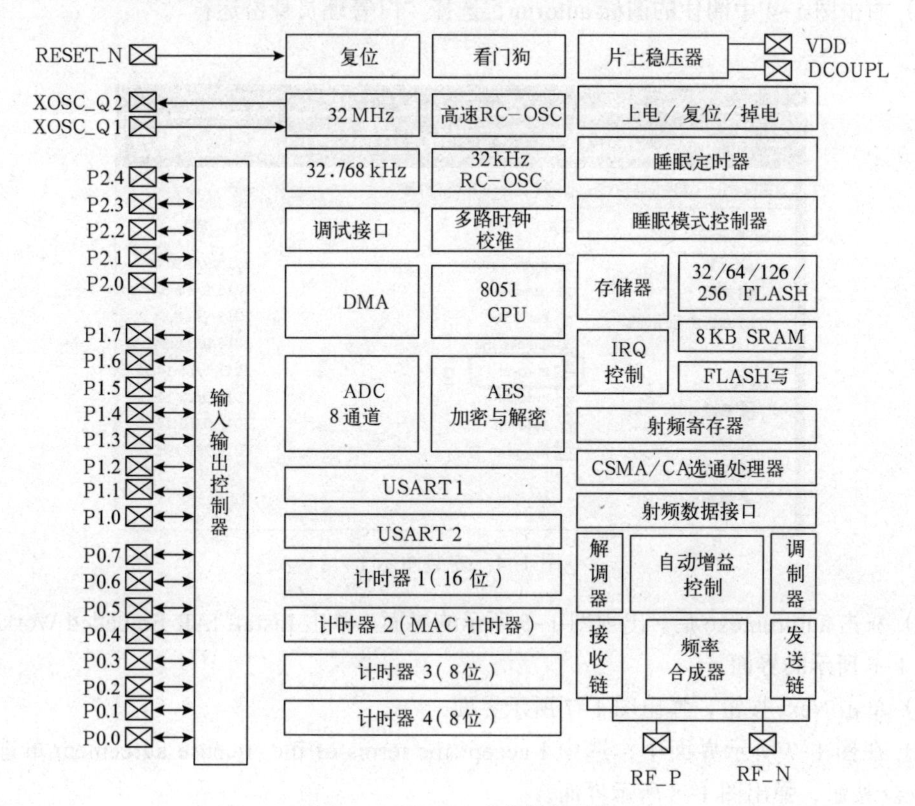

图 1-3 CC2530 芯片模块框图

1.2.3 CC2530的应用领域

以CC2530组建的模块经常会用于以下场所，但是不仅仅限于以下这些场合。

（1）家居、楼宇自动化监控。

（2）照明系统监控。

（3）低功耗无线传感网络组建。

（4）工业过程控制与监控。

（5）温湿度系统监控。

（6）远程信息（利用云平台）监控。

1.3 IAR平台使用

IAR集成开发环境，是一个功能强大的80C51系列单片机集成开发环境，支持几乎所有标准的和扩展架构的80C51单片机。一台基础配置及以上的计算机即可安装IAR集成开发环境。

1.3.1 IAR集成开发环境安装

（1）解压文件 安装包CD-EW8051-8101.rar。

（2）打开CD-EW8051-8101文件夹。

（3）右击图1-4中圈住的图标autorun，选择"以管理员身份运行"。

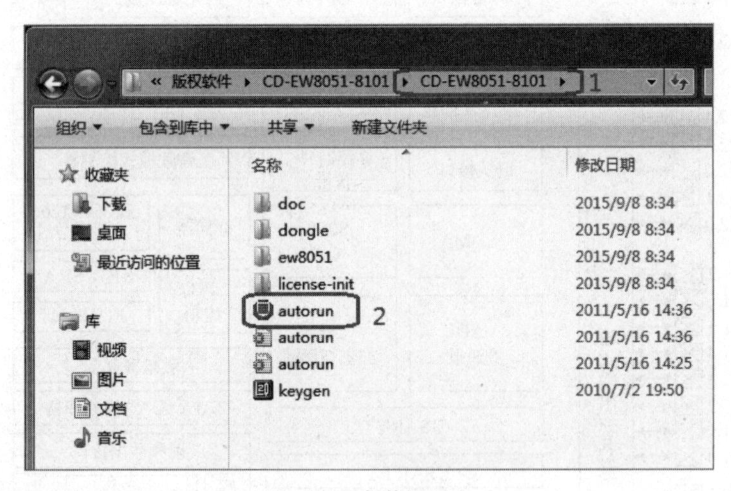

图1-4　安装图示1

（4）双击autorun.exe后，出现图1-5所示的界面，单击Install IAR Embeded Workbench，弹出图1-6所示的界面。

（5）单击Next按钮，弹出图1-7所示界面。

（6）在图1-7所示界面中，选中I accept the terms of the license agreement单选按钮，单击Next按钮，弹出图1-8所示界面。

（7）在图1-8所示界面中，填写自己的名字（Name）、公司名称（Company）及获得的License#项编码到对应的文本框中，单击Next按钮，弹出图1-9所示界面。

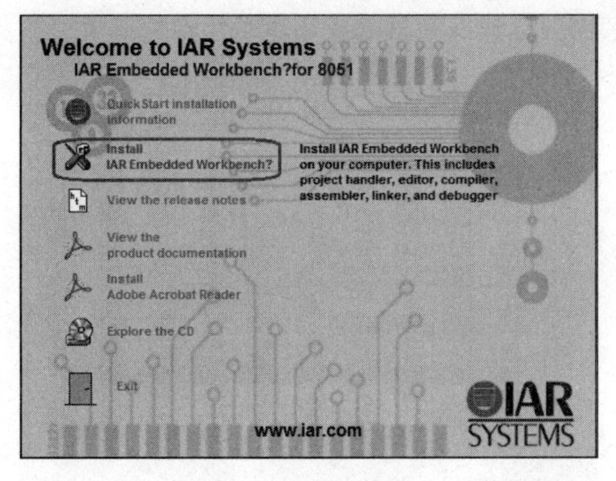

图 1-5　安装图示 2

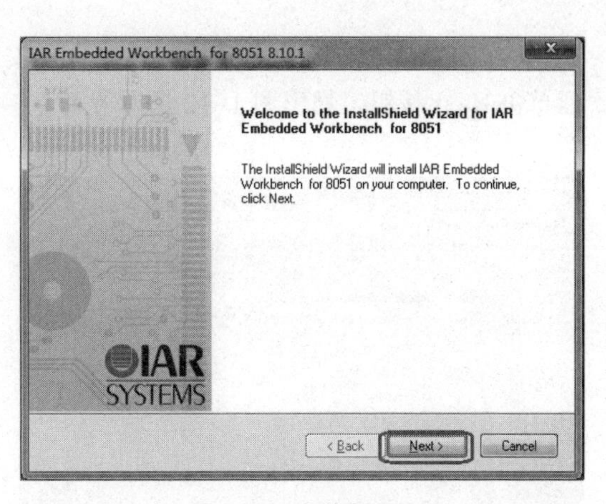

图 1-6　安装图示 3

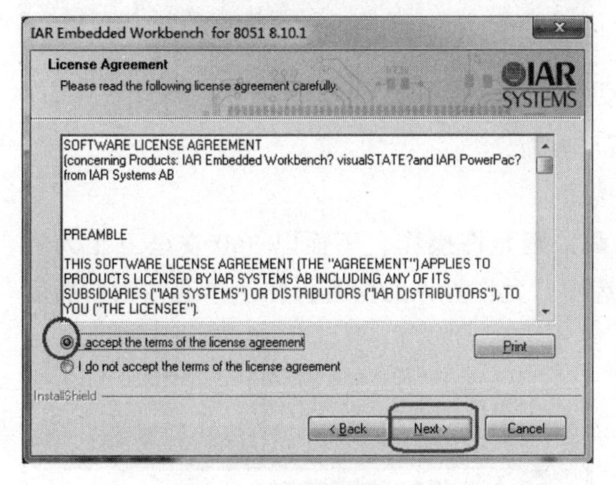

图 1-7　安装图示 4

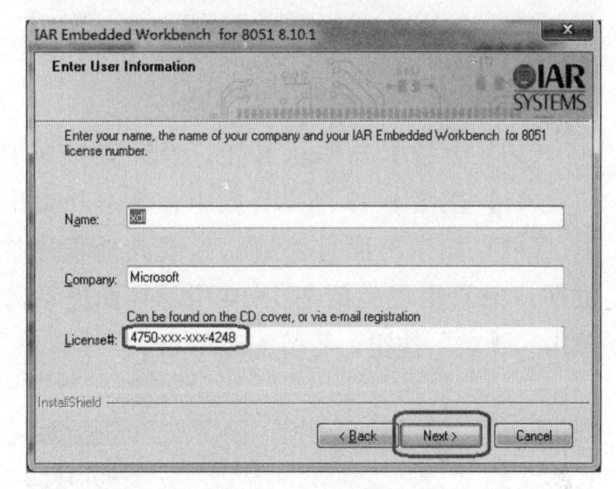

图 1-8　安装图示 5

（8）在图 1-9 所示界面中，将获得的 License Key 编码复制到 License Key 下对应的文本框中，单击 Next 按钮，弹出图 1-10 所示界面。选中 Complete 单选按钮。单击 Next 按钮，弹出图 1-11 所示界面。

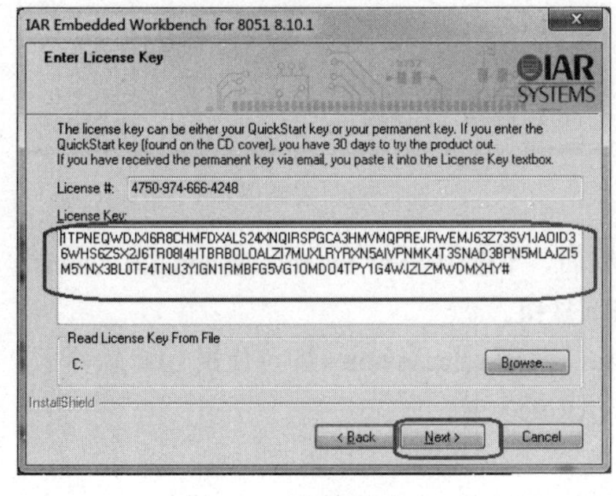

图 1-9　安装图示 6

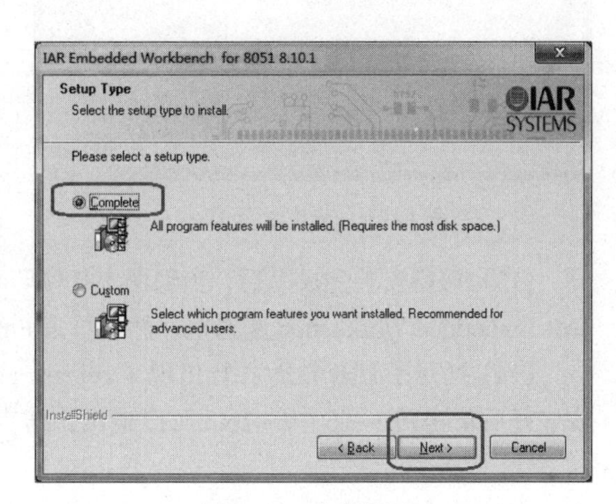

图 1-10　安装图示 7

（9）在图 1-11 所示界面中，根据自己安装需要选择安装目录或选择默认安装目录。然后单击 Next 按钮，弹出图 1-12 所示界面。

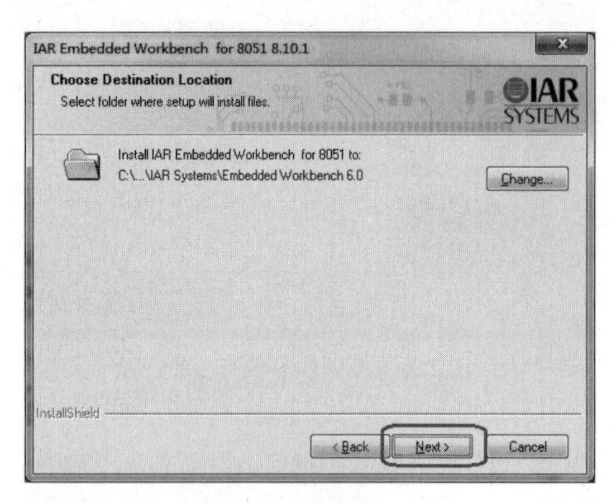

图 1-11 安装图示 8

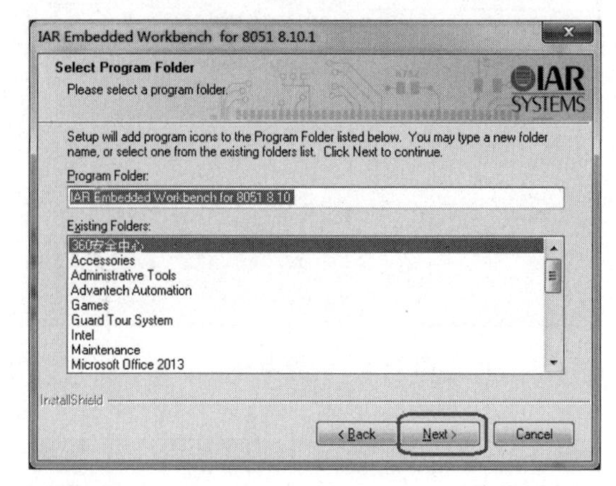

图 1-12 安装图示 9

（10）继续单击 Next 按钮，弹出图 1-13 所示界面。

（11）在图 1-13 所示界面中，单击 Install 按钮。

（12）如果出现有杀毒软件或其他程序拦截，则允许操作。下面以 360 安全卫士为例说明。如果出现类似图 1-14 所示界面提示，选中“允许程序的所有操作”单选按钮，然后单击“确定”按钮，等待安装结束。

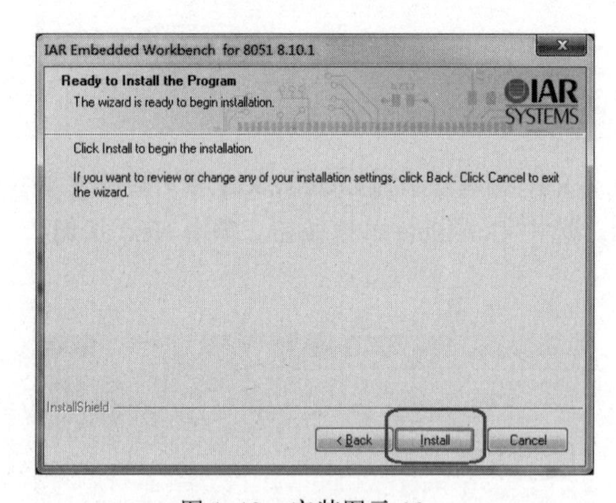

图 1-13 安装图示 10

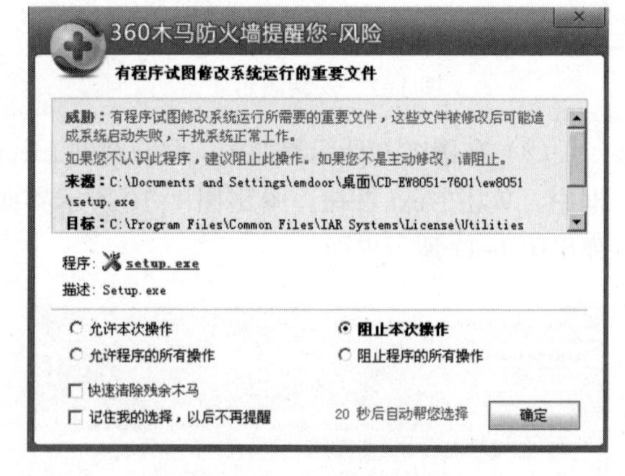

图 1-14 安装图示 11

（13）等待安装完成以后，出现图 1-15 所示界面，不选中 View the release notes 和 Launch IAR Embedded Workbench 复选框，然后单击 Finish 按钮。

（14）打开了 IAR 软件并且出现了 release notes，关闭 release notes 即可使用 IAR 软件了。安装好后单击图 1-16 中的 Exit 可以退出，结束 IAR 的安装。

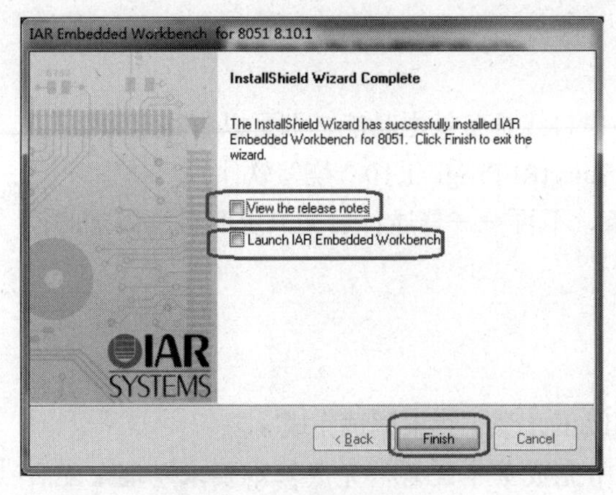

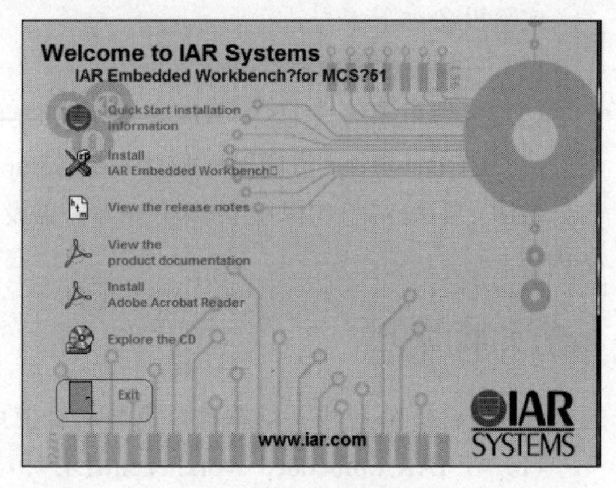

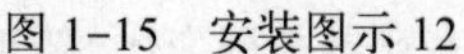
图 1-15　安装图示 12　　　图 1-16　安装图示 13

1.3.2　IAR 集成开发环境的启动

在系统菜单中，单击 IAR Embedded Workbench IDE 则启动 IAR 集成开发环境，如图 1-17 所示。后续将在具体实验中继续介绍 IAR 集成开发环境的使用。

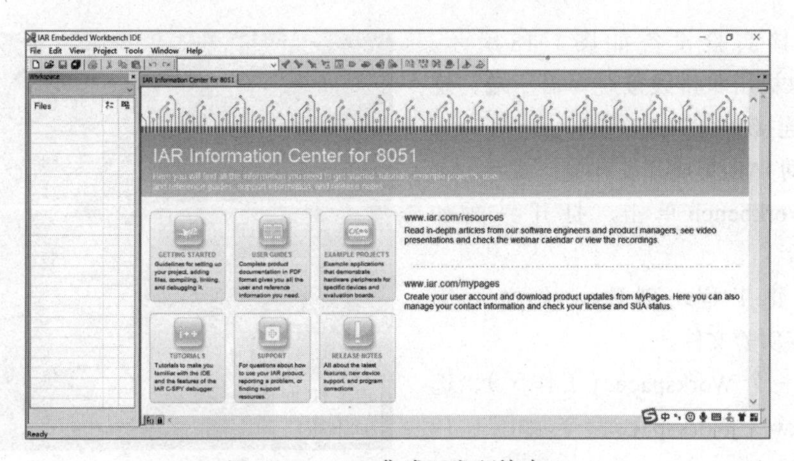

图 1-17　IAR 集成开发环境窗口

实验 1　建立一个基础实验项目

实验目的

了解并掌握 IAR 集成开发环境软件的基本功能及使用方法；了解并掌握创建工程项目及工作空间的方法；了解并掌握工程基本配置；了解基础编译及运行。

实验内容

在 IAR 中创建一个工作空间，在该工作空间创建一个工程项目，配置基础环境，编译资源提供的第一个程序，观察 LED1 灯闪烁。

实验设备如下：

（1）一块 CC2530 模块板。

（2）一根电源线或 USB 串口线（如果 USB 串口线具备供电功能，则可以省略电源线）。

（3）CCDebugger 仿真器（配合安装 Setup_SmartRFProgr_1.10.2 烧写软件）。

备注：后续实验均以此实验设备为基础设备，不再一一赘述，后文只说明后续添加的设备内容。

实验原理

开发 CC2530 应用系统软件，需要结合使用以下几个工具来调试完成：

（1）在 IAR Embedded Workbench IDE 环境中完成基本配置，完成基本要求功能；配合 CCDebugger 仿真器，该环境支持仿真调试，可以单步运行，追踪寄存器数据变化，纠正逻辑错误。

（2）用烧写器下载编译成功的代码到单片机内存中。

（3）运行程序，观察功能结果。

实验步骤

（1）连接实验设备如图 1-18 所示。CC2530 模块板用双排线接烧写器一端，烧写器另一端连接 PC 的 USB 接口。

（2）启动 IAR 集成开发环境。找到 IAR Embedded Workbench 单击，打开界面如图 1-17 所示。

（3）创建工程。创建一个文件夹 Test01，保存实验文件。

①创建一个 Workspace（工作区）。选择 File → New → Workspace 命令，如图 1-19 所示。

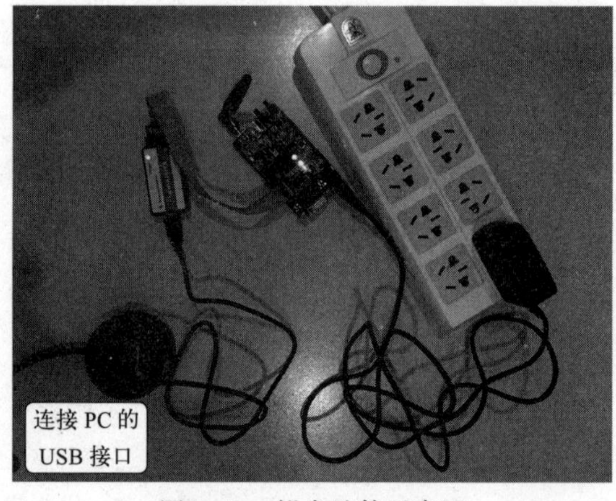

图 1-18　设备连接示意图

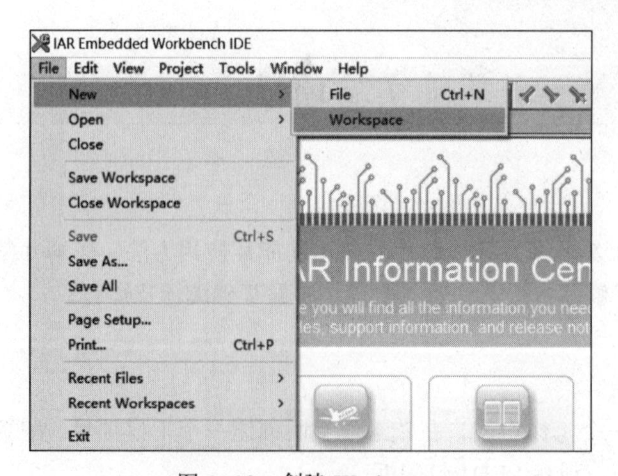

图 1-19　创建 Workspace

②创建一个 Project(工程),保存到指定文件夹中。选择 Project → Create New Project 命令,如图 1-20 所示,弹出 Create New Project 对话框,如图 1-21 所示。

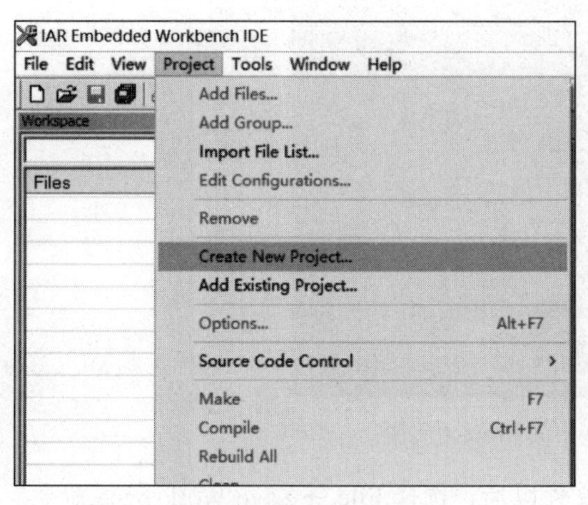

图 1-20 创建 Project

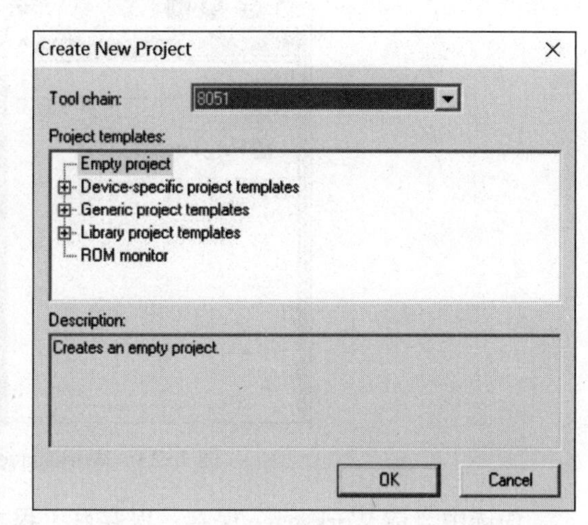

图 1-21 Create New Project 对话框

单击图 1-21 所示对话框中的 OK 按钮,弹出“另存为”对话框,选择保存路径为已创建的文件夹 Test01,在“另存为”对话框的文件名文本框中添加工程文件名 Prj_Test01 后,单击“保存”按钮,如图 1-22 所示。

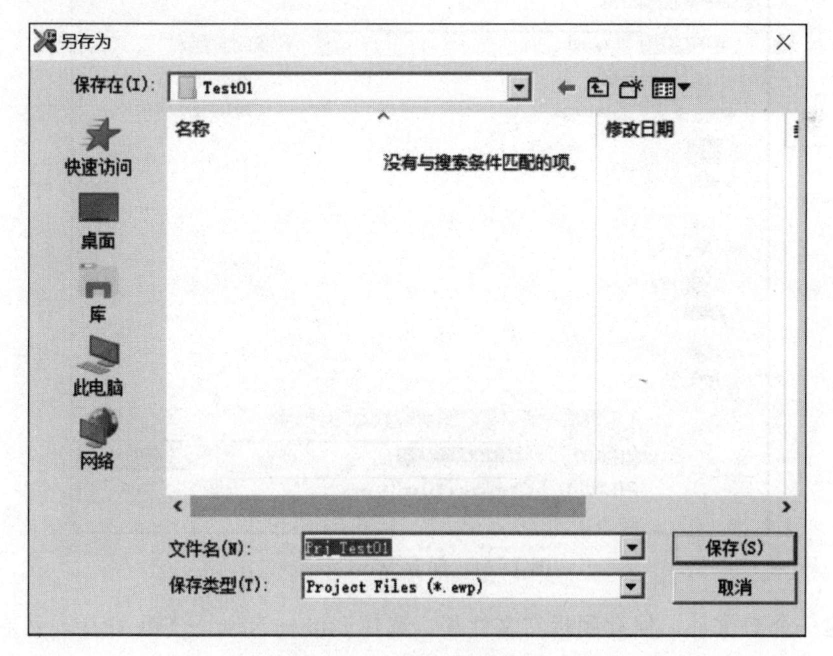

图 1-22 保存工程文件

保存完成以后,可以在左侧 Workspace 文件框中看到 Prj_Test01 工程,如图 1-23 所示。

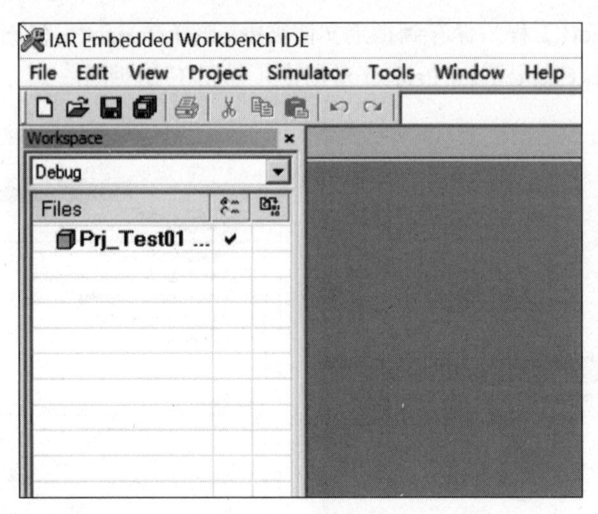

图 1-23　Workspace 中的 Project 文件

③选中当前 Workspace 保存。保存好工程文件以后，选择 File → Save Workspace 命令，打开 Save Workspace As 对话框，保存包含工程文件的工作空间。在文件名对应的文本框中，输入工作空间文件名为 Workspace_Test01，保存到指定文件夹 Test01 中，如图 1-24 所示。

提示：需要选择路径，将工作空间保存到工程文件对应的文件夹中合适的位置。

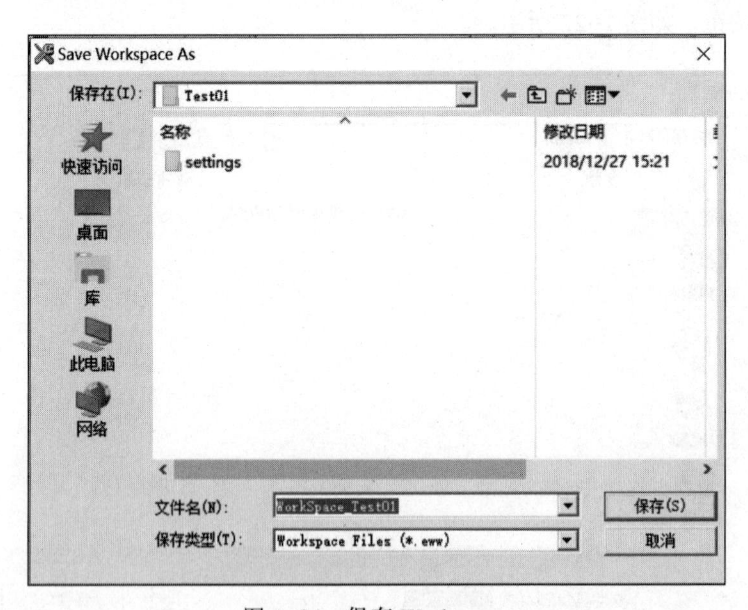

图 1-24　保存 Workspace

④新建一个 C 文件，保存到指定文件夹。选择 File → New → File 命令，在右侧窗口创建一个 C 文件（默认文件名为 Untitled1）。选择 File → Save As 命令，打开“另存为”对话框，如图 1-25 所示，输入文件名 Test01.c，单击“保存”按钮。

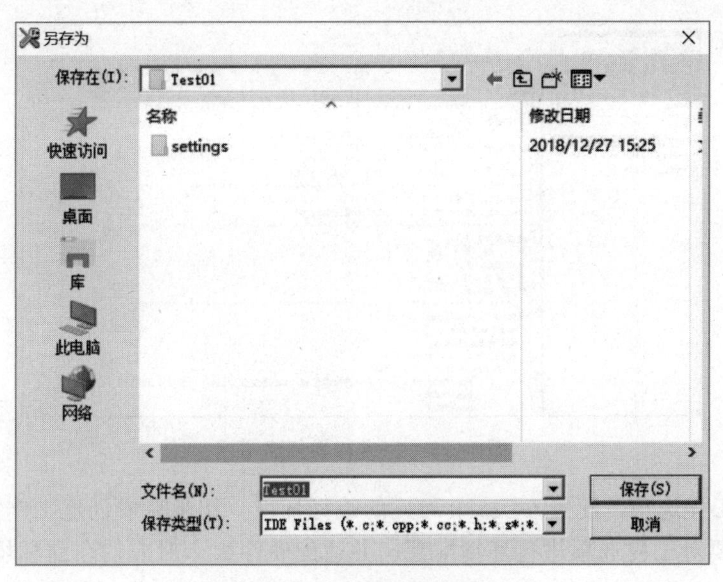

图 1-25　保存创建的 C 文件

⑤把新建的 Test1.c 文件添加到 Project 中。选中 Workspace 窗口中的 Project 名，右击，在弹出的快捷菜单中选择 Add → Add“Test01.c”命令，如图 1-26 所示，添加 C 文件到工程(Prj_Test01）中。或者选择 Add → Add Files 命令，打开添加文件对话框，路径切换到 Test01 文件夹中，选中 Test01.c 文件，如图 1-27 所示，单击“打开”按钮，完成 C 文件添加到工程文件中。

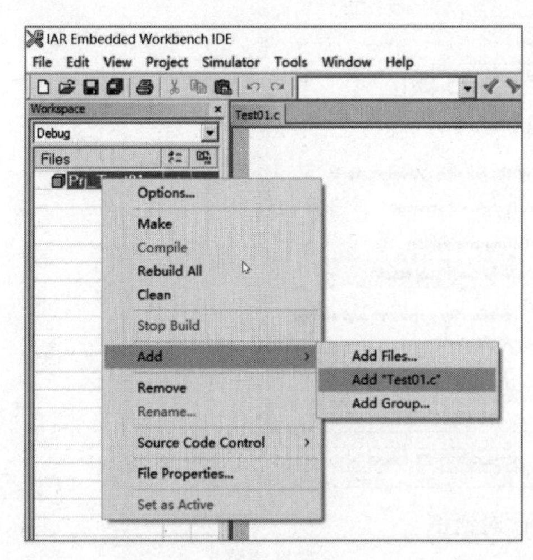

图 1-26　添加 C 文件到工程（Prj_Test01）中

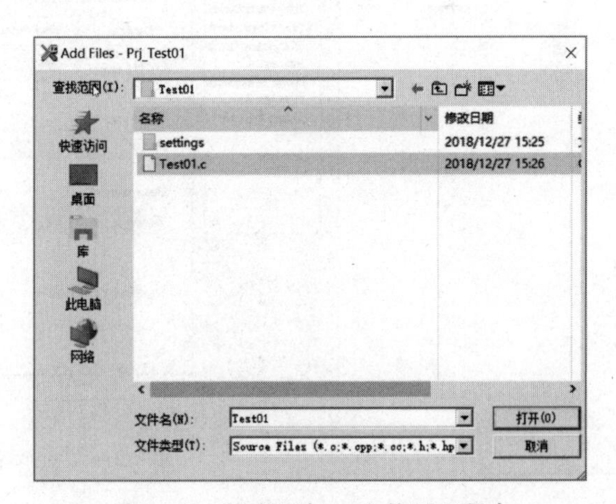

图 1-27　保存添加 C 文件到工程中

⑥在 C 文件中输入相关实验代码，如图 1-28 所示。

⑦选择 File → Save 命令或单击工具栏中的 Save 按钮 ，保存 Test1.c 文件。

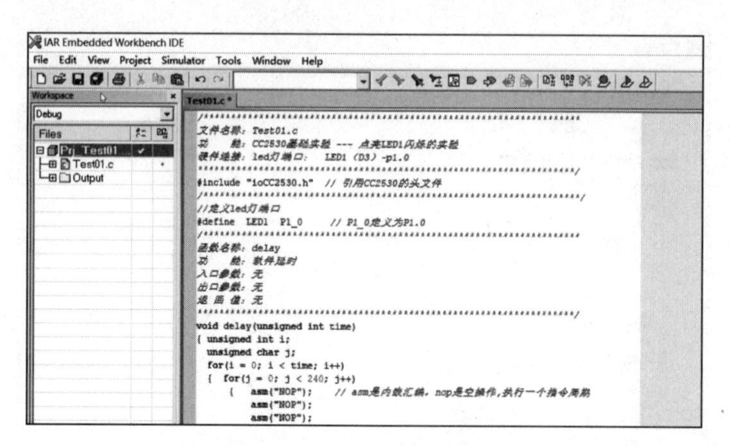

图 1-28　完成初步创建图示

（4）配置工程选项，配置 CC2530 对应的编译环境。初步完成创建工作空间、工程、C 文件之后，需要对工程选项进行环境配置，并适配硬件板卡对应的存储环境等参数。选择 Project → Options 命令，或按【Alt+F7】组合键，或选择工程文件对象右击，在弹出的快捷菜单中选择命令，打开 Options 对话框，如图 1-29 所示。

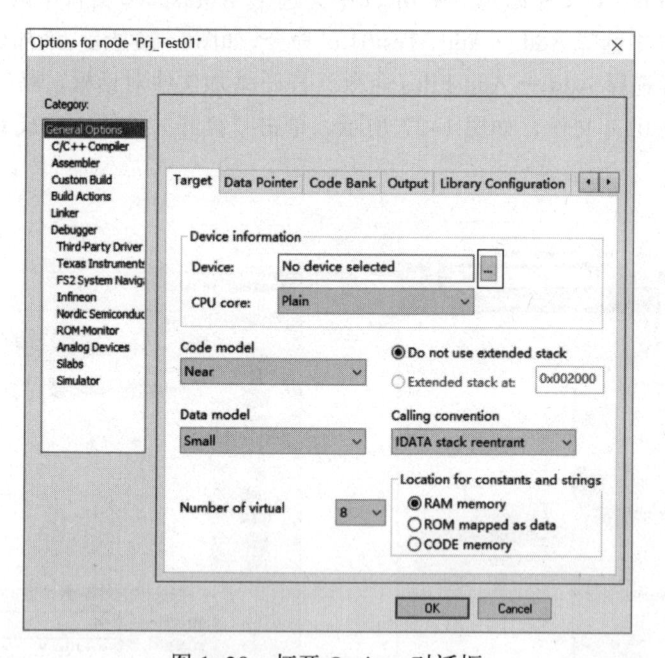

图 1-29　打开 Options 对话框

①在图 1-29 中左边列表框中选中 General Options。在 General Options 选项中，需要对右侧的 Target 选项卡进行设置。

单击图 1-29 中 Device 下拉列表框右侧按钮，按照图 1-30 配置 Target 文件路径。选择文件 CC2530F256.i51，如图 1-31 所示。该文件路径是：C:\Program Files (x86)\IAR Systems\Embedded Workbench 6.0\8051\config\devices \Texas Instruments。

② Linker 连接器配置。在 Linker 选项中，需要对右侧的 Config 选项卡进行设置。

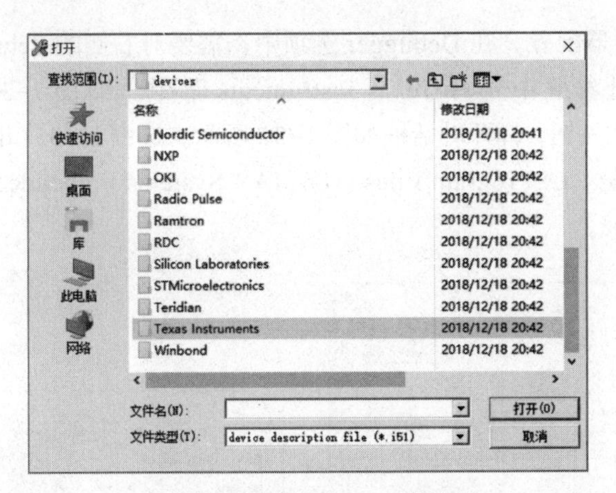

图 1-30　配置 Target 文件路径

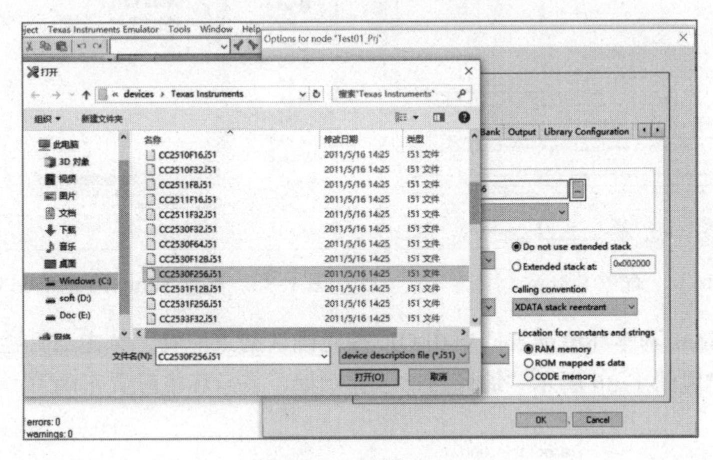

图 1-31　配置 Target

选中 Linker command file 栏的 Override default 复选框，如图 1-32 所示。单击 Linker command file 栏右侧按钮，找到配置 config 的文件夹，选择 lnk51ew_cc2530F256_banked.xcl，该文件路径是：C:\Program Files (x86)\IAR Systems\Embedded Workbench 6.0\8051\config\devices\Texas Instruments，如图 1-33 所示。

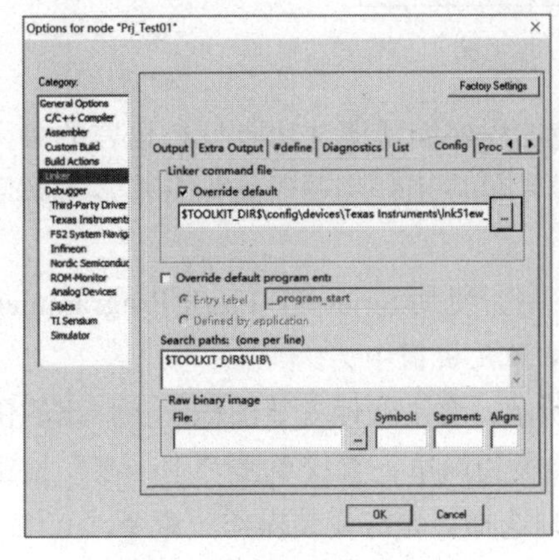

图 1-32　配置 Config

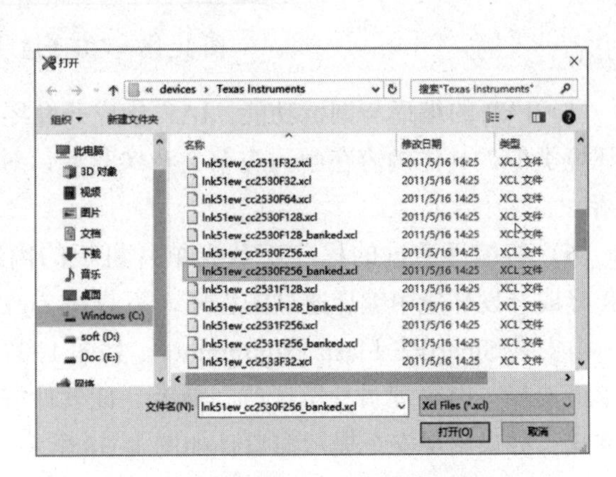

图 1-33　配置 Config 选择目标文件

③ Debugger 调试器配置。在 Debugger 选项中，需要对右侧的 Setup 选项卡进行设置。在 Driver 下拉列表框中选择 Texas Instruments 命令，如图 1-34 所示。单击 Device Description file 栏右侧按钮，打开对话框如图 1-35 所示。选中 io8051.ddf 文件，单击“打开”按钮。该文件的路径是：C:\Program Files (x86)\IAR Systems\Embedded Workbench 6.0\8051\config\devices_generic。

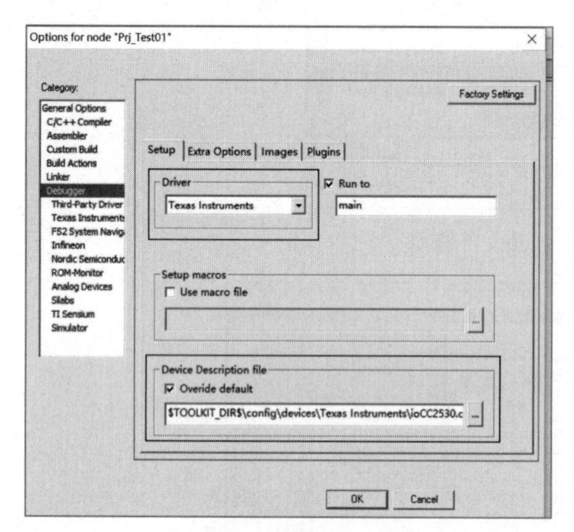

图 1-34　配置 Setup

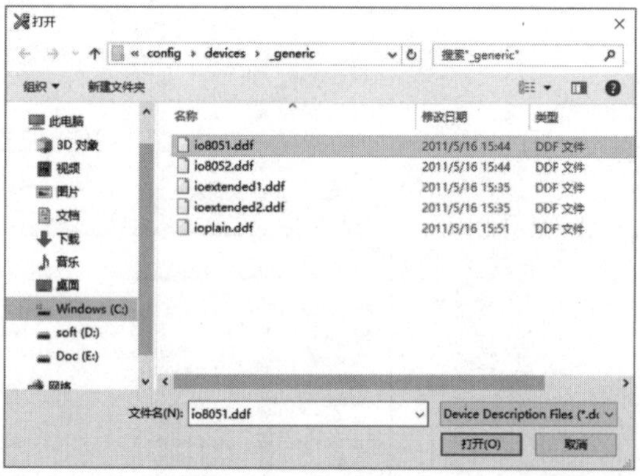

图 1-35　配置 Setup 的 Device Description Tiles

④完成 Options 基本环境配置，单击 OK 按钮确认结束配置。单击工具栏绿色三角按钮，运行 C 文件，出现图 1-36 所示“编译通过”提示框，表示环境配置正确。

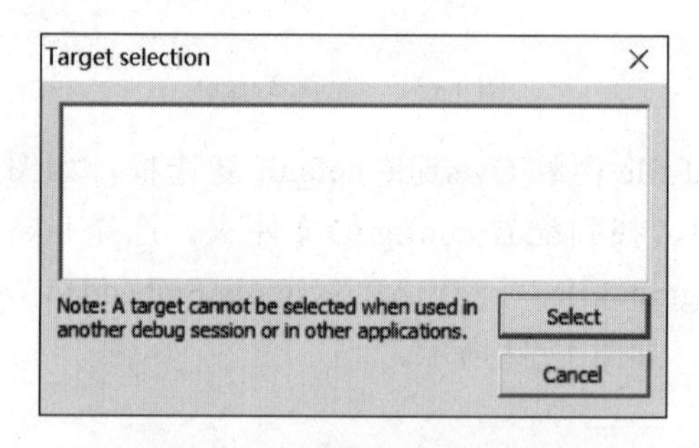

图 1-36　“编译通过”提示框

（5）IAR 的编译与调试功能。IAR 集成开发环境的程序编译调试功能与 C 语言的编译调试环境类似。具体内容在学习完第 2 章实验后，对单片机应用程序逻辑结构有基本了解后再介绍。

（6）将编译通过的程序下载到单片机板的内存中。使用 SmartRF Flash Programmer 将 IAR 集成开发环境中编译通过的程序，下载到 ZigBee 单片机板中。

①安装 SmartRF Flash Programmer。如图 1-37 所示，右击软件安装图标，在弹出的快捷菜单中选择“以管理员身份运行”命令。此软件安装极为简单，直接单击“下一步”按钮即可完成。如果出现安全提示窗口，如图 1-38 所示，则选择“允许安装操作”命令。

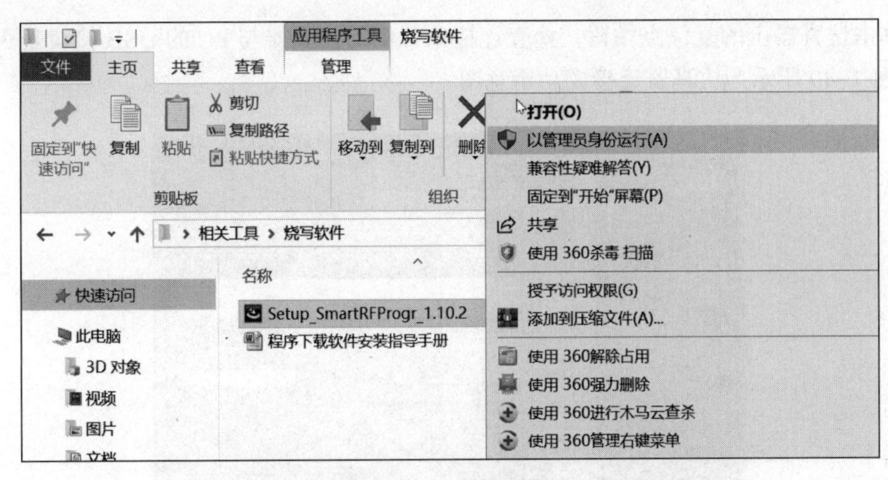

图 1-37　安装烧写软件

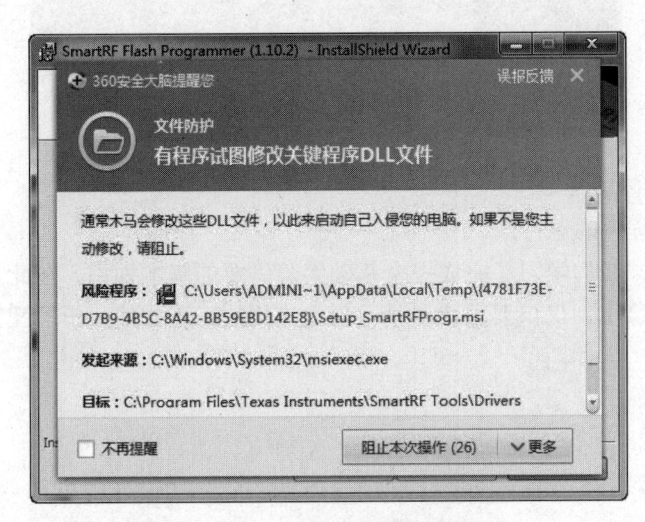

图 1-38　安装安全提示窗口

②如果是 64 位的计算机系统，需要安装烧写软件补丁，如图 1-39 所示。如果是 32 位的计算机系统，则不用安装此补丁。

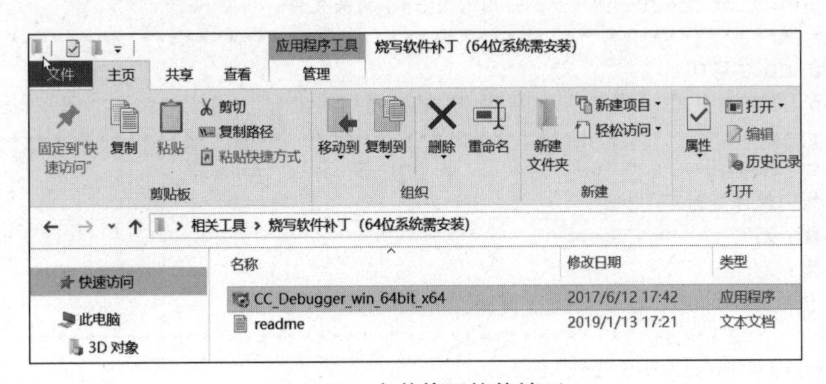

图 1-39　安装烧写软件补丁

③单击仿真器上的复位点按钮，检查连接单片机的仿真器与 PC 的 USB 接口是否被驱动成功。图 1-40 所示为仿真器连接成功示意图。

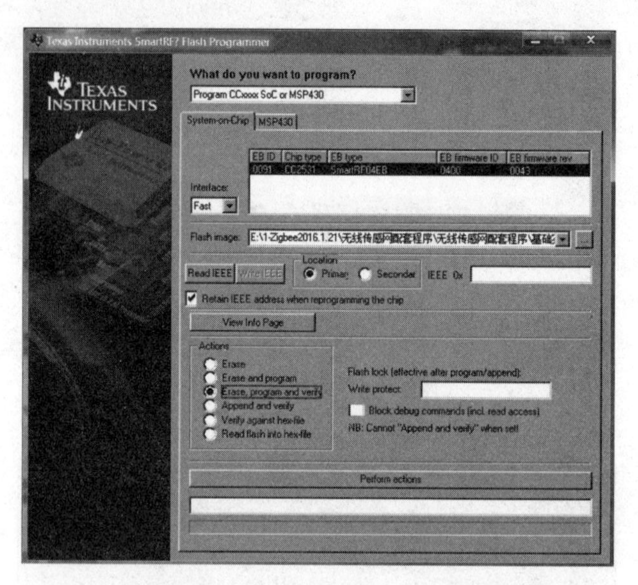

图 1-40　烧写器连接成功示意图

（7）观察烧写程序的运行。

通过以上介绍，我们学习了完成一个基础实验需要的基本知识。在此，并不要求读者理解程序实现功能的缘由，仅仅要求读者学习创建应用的工程文件，学习配置实现应用的工作环境。

相关代码

```
/*************************************************************
文件名称：Test01.c
功    能：CC2530 基础实验——点亮 LED1 闪烁
硬件连接：LED 端口：  LED1（D3）-p1.0
*************************************************************/
#include "ioCC2530.h"  //引用 CC2530 的头文件
/*************************************************************/
//定义 LED 灯端口
#define  LED1  P1_0    //P1_0 定义为 P1.0
/*************************************************************
函数名称：delay
功    能：软件延时
入口参数：无
出口参数：无
返 回 值：无
*************************************************************/
void delay(unsigned int time)
{
  unsigned int i;
```

```
  unsigned char j;
  for(i=0; i<time; i++)
  {
   for(j=0; j<240; j++)
    {
         asm("NOP");  //asm是内嵌汇编，NOP是空操作，执行一个指令周期
         asm("NOP");
         asm("NOP");
    }
  }
}

/**************************************************************
函数名称：main
功    能：main 函数入口
入口参数：无
出口参数：无
返 回 值：无
**************************************************************/
void main(void)
{
    P1SEL &=~(0x01<<0);   //设置 P1.0 为普通 I/O 口，0 为 I/O 口，1 为外设功能
    P1DIR |=0x01<<0;      //设置为输出，P1DIR 为 P1 端口的方向寄存器
    while(1)
    {
      LED1=!LED1;
      delay(5000);
    }
}
```

拓展练习

创建文件夹 Test02，创建 Workspace2，创建工程项目文件 Project2，将实验 1 的 C 文件 Test01 复制到文件夹 Test02，并加入 Project2 中，配置 IAR，运行实现实验 1 的功能。

思考题

（1）通过拓展练习，了解 C 文件与 Project 文件、Workspace 文件的关系。
（2）在文件夹 Test02 中，可以直接将 C 文件名文件夹 Test01 修改为 Test02 吗？

第 2 章

输入 / 输出（I/O）控制实验

2.1 单片机的输入 / 输出（I/O）

输入 / 输出是单片机应用的重要组成部分。CC2530 单片机具有 P0、P1、P2 三个输入 / 输出接口，共 21 个通用引脚。P0 和 P1 口是 8 个位的接口，即具有 8 个引脚，P2 口是 5 个引脚位的接口。

P0 口的引脚分别是 P0.0、P0.1、P0.2、P0.3、P0.4、P0.5、P0.6、P0.7。

P1 口的引脚分别是 P1.0、P1.1、P1.2、P1.3、P1.4、P1.5、P1.6、P1.7。

P2 口的引脚分别是 P2.0、P2.1、P2.2、P2.3、P2.4。

每个引脚都可以通过配置方向寄存器和功能寄存器给予不同的输入、输出功能或者外设功能选择，可以灵活多变地满足各种数据采集、检测控制的需要。本章实验使用的 CC2530 模块板，输入 / 输出简单功能用了 4 个 LED 体现，具体接线如下：

LED1（板上标识符为 D3，绿色）：接 P1.0 引脚，P1.0 输出高电平时 LED1 亮，输出低电平时 LED1 灭。

LED2（板上标识符为 D4，红色）：接 P1.1 引脚，P1.1 输出高电平时 LED2 亮，输出低电平时 LED2 灭。

LED3（板上标识符为 D5，绿色）：接 P1.3 引脚，P1.3 输出高电平时 LED3 亮，输出低电平时 LED3 灭。

LED4（板上标识符为 D6，红色）：接 P1.4 引脚，P1.4 输出高电平时 LED4 亮，输出低电平时 LED4 灭。

图 2-1 所示 CC2530 实验板中，左一红灯为 LED2，左二绿灯为 LED1，右一绿灯为 LED3，右二红灯为 LED4。

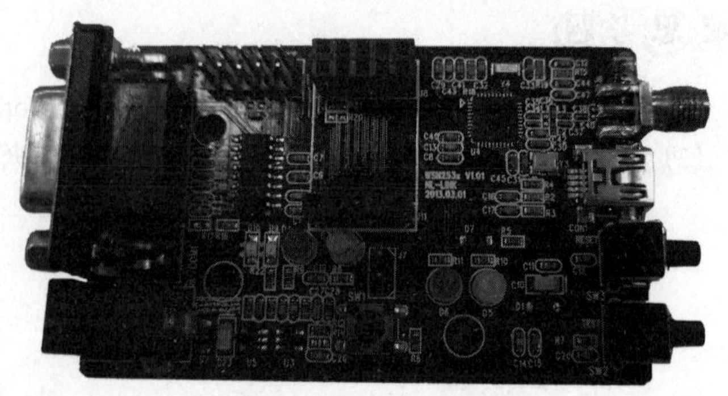

图 2-1　CC2530 实验板

2.2 寄存器配置

单片机内部按照主要基础功能模块划分，分别是 I/O 口模块、中断模块、定时器模块、串口通信模块（串行 I/O 口）和 ADC 采样模块。单片机功能应用掌握的好坏，其实就是能否正确操作这几个功能模块，而其操作的实质则是能否对每个模块所对应寄存器进行正确配置与操作。本书附录中给出了本书实验使用到的常用寄存器的配置信息说明。

1．寄存器介绍

寄存器位于 CPU 内部，是 CPU 运算时存取数据的地方，所有数据必须从存储器传入寄存器后，CPU 才能使用。寄存器容量非常小，但 CPU 使用寄存器中的数据几乎没有任何延迟，速度非常快。存储器主要用来存储运行程序及数据，存储器有内部的 RAM 和外部的 ROM。对单片机来说，因为寄存器、内部存储器都在一个 CPU 片内，所以寄存器是片内 RAM 的一部分，即存储器的内部 RAM 包括了寄存器。寄存器只是用来暂时存储数据，断电后里面的内容就没有了。

每个 SFR（special function register，特殊功能寄存器）占 1 字节，多数字节单元中的每一位又有专用的“位名称”。部分 SFR 可以位寻址，对于不支持位寻址的寄存器的操作说明见第 1 章位操作基本知识的相关内容。

2．寄存器的配置

单片机各种功能均是通过配置寄存器并结合相关逻辑功能代码运行来实现的。在此主要介绍对 I/O 端口、中断、定时、串口通信、ADC 采样等寄存器的设置，以实现相对应的单片机应用操作功能。

对输入 / 输出口 P1 实现输出信号控制 LED 的亮与灭，需要配置方向寄存器 PxDIR 和功能选择寄存器 PxSEL。x 表示输入 / 输出口 P0、P1、P2 的 0、1、2，即 P0DIR 表示配置 P0 口的方向寄存器，P0SEL 表示配置 P0 口的功能选择寄存器；P1DIR 表示配置 P1 口的方向寄存器，P1SEL 表示配置 P1 口的功能选择寄存器；P2DIR 表示配置 P2 口的方向寄存器，P2SEL 表示配置 P2 口的功能选择寄存器。具体功能参见附录 A 中的相关 I/O 寄存器表。

P1DIR：P1 口的方向寄存器，有 0~7 个 bit 位，0 表示输入，1 表示输出。

P1SEL：P1 口功能选择寄存器，有 0~7 个 bit 位，0 表示 I/O 口，1 表示外设功能。

根据实际使用的是输入还是输出功能进行置 1 或置 0 操作。

2.3 单片机程序设计基本流程

应用 IAR 集成开发环境开发的单片机 CC2530 系列程序，为 C 语言基础的程序设计。除了符合常规 C 语言开发的基本语法和规则外，同时还需要引入“ioCC2530.h”头文件，在此头文件中包含了一些针对 CC2530 系列模块应用开发的代码资源。在单片机程序应用中，主程序包括：初始化和主体程序循环体。初始化程序只执行一次，主程序中一定有一个条件永为真的循环语句，反复实现查询执行功能，程序设计时要注意此逻辑概念。单片机程序开发基本流程如图 2-2 所示。

无论简单应用还是复杂的功能实现，整体流程设计步骤如下：

（1）初始化（各类寄存器、变量等初始化配置，只执行一次）。

（2）主程序的主模块是一个死循环，根据判别条件设置标志；根据标志选择执行相应功能，反复查询条件，根据条件变化实现相应功能。

（3）根据需要设计的中断服务程序独立于主程序之外。通过设置标志变量，利用全局变量与主程序交流数据或标志的置位、复位。

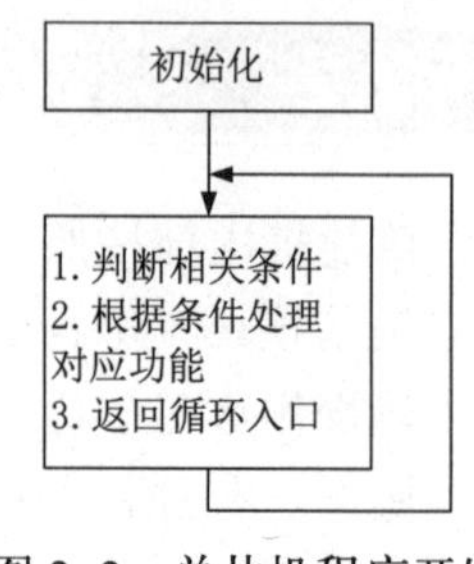

图 2-2　单片机程序开发基本流程

实验 2　LED 自动闪烁

实验目的

熟悉 CC2530 芯片通用 I/O 口的配置和使用，学会使用 CC2530 的 I/O 口来控制外设（本实验主要以 LED 为外设）。

实验内容

在 IAR 中创建一个工作空间，在该工作空间创建一个工程项目，配置基础环境。在 IAR 集成开发环境中编写程序，观察 LED1 和 LED2 交替闪烁。

实验原理

根据前面介绍，LED1 和 LED2 分别接在 P1 口的 P1.0、P1.1 位上，如图 2-3 所示。

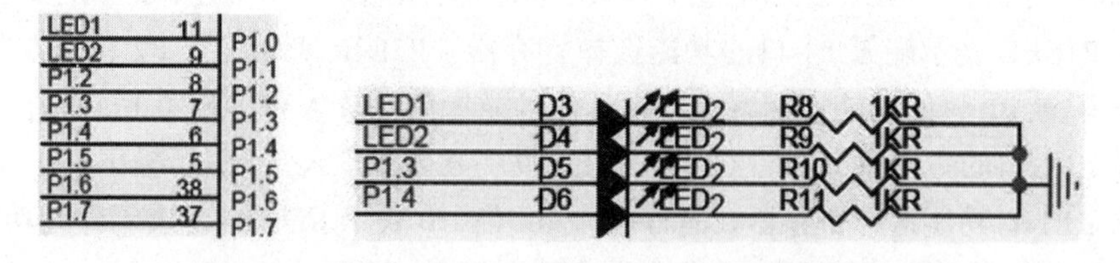

图 2-3　CC2530 的 LED1 LED2 接线图[①]

本实验需要对 P1 口的 P1.0、P1.1 位进行方向配置和功能选择配置。P1 口寄存器不支持位操作，所以要使用字节操作来实现配置（见第 1 章位操作的相关内容）。

P1 口的 P1.0、P1.1 位于片寄存器字节的 d1d0 位，点亮或熄灭 LED 为输出 1 或 0。因此需要配置 P1DIR 寄存器的 d1d0 位为 1；配置 P1SEL 寄存器的 d1d0 位为 0；将不需要处理的位均用 0 表示，其他需要置 0 或置 1 的位均用 1 表示，这样获得的值用来对寄存器进行运算，置 0 用“&=~”操作，置 1 用“|=”操作。

① 本书中的图稿为仿真软件截图，其图形符号与国家标准符号不同。其中 对应 ， 对应 ， 对应 。

1. P1DIR 配置

P1 口输入 / 输出方向选择；0~7 个 bit 位；0 为输入，1 为输出。

对于 P1DIR，对 d1d0 位进行置 1 操作，运算数据为二进制数 00000011b 或十六进制数 0x03。

```
指令为：P1DIR |=0x03；
```

2. P1SEL 配置

端口 1 功能选择；0~7 个 bit 位；0 为 I/O 口，1 为外设功能。

对于 P1SEL，对 d1d0 位进行置 0 操作，运算数据为二进制数 00000011b 或十六进制数 0x03。

```
指令为：P1SEL &=~0x03；
```

这两条指令是对 LED1、LED2 访问的初始化配置代码。

实验步骤

（1）硬件连接同实验 1。

（2）在指定路径下创建项目文件夹 Test02。例如：D:\×× 组 \Test02。

（3）选择 File → New → Workspace 命令创建工作区。

（4）选择 Project → Create New Project 命令。

（5）选择文件保存路径到 Test02，输入文件名：Prj_Test02。

（6）选择 File → Save Workspace 命令。

（7）选择文件保存路径 Test02，输入文件名：WorkSpace_Test02。

（8）选择 Project → Add Files 命令，添加 C 文件，或选择 File → New → Files 命令新建一个空文件，向文本里添加代码，并保存为 C 文件，再选择 Project → Add Files 命令添加 C 文件。

（9）配置环境参见实验 1。

（10）输入相关代码（参见后续相关代码）。

（11）运行程序，观察实验结果是否符合实验要求。

相关代码

初始化预定义外设地址：在头文件“ioCC2530.h”中，对所有寄存器地址都进行了对应变量名的定义，以方便用户访问而不用记住地址，简化对外设访问。查询头文件可知 P1 口的 P1.0 位的地址对应变量名 P1_0，所以在程序开始，设置预定义：“#define LED1 P1_0”，表示在程序访问时，使用变量名称 LED1 即可对应 P1.0 位的地址，更方便记忆。

```
/**************************************************************
文件名称：Test02.c
功    能：CC2530 基础实验——LED1 和 LED2 交替闪烁的实验
描    述：使用 CC253x 系列片上系统的数字 I/O 作为通用 I/O 来控制 LED 闪烁。当通用 I/O
          输出高电平时，所控制的 LED 点亮；当通用 I/O 输出低电平时，所控制的 LED 熄灭。
硬件连接：LED 与 CC2530 的硬件连接关系如下
                LED                       CC2530
                LED1（D3）                 P1.0
```

```
                LED2 (D4)                P1.1
***************************************************************/
#include "ioCC2530.h"  // 引用 CC2530 的头文件
/***************************************************************/
//定义 LED 端口
#define  LED1  P1_0      // P1_0 为对应 P1.0 地址的变量名称
#define  LED2  P1_1      // P1_1 为对应 P1.1 地址的变量名称
/***************************************************************
函数名称：delay
功    能：软件延时
入口参数：无
出口参数：无
返 回 值：无
***************************************************************/
void delay(unsigned int time)
{
  unsigned int i;
  unsigned char j;
  for(i=0; i<time; i++)
  {
    for(j=0; j<240; j++)
    {
          asm("NOP");  //asm 是内嵌汇编，NOP 是空操作，执行一个指令周期
          asm("NOP");
          asm("NOP");
    }
  }
}
/***************************************************************
函数名称：main
功    能：main 函数入口
入口参数：无
出口参数：无
返 回 值：无
***************************************************************/
void main(void)
{
    P1SEL &=~(0x03);     //设置 LED1、LED2 为普通 I/O 口
    P1DIR |=0x03 ;       //设置 LED1、LED2 为输出
    while(1)
    {
      LED1=1;            //高电平点亮
      LED2=0;            //低电平熄灭
      delay(5000);
      LED1=0;
      LED2=1;
      delay(5000);
    }
}
```

拓展练习

修改程序，实现：

（1）LED1 亮，延时；LED2 亮，延时；LED3 亮，延时；LED4 亮；全灭。

（2）重复（1）。

（3）不做（2），做（1）的逆操作，再重复（1），循环。

思考题

为什么使用 P1_0 变量名就能访问外设？

扫码看解题

实验 3 按键开关控制 LED 闪烁

实验目的

熟悉 CC2530 芯片通用 I/O 口的配置和使用，学会使用 CC2530 的 I/O 输入控制。本实验主要以 LED 的输出和按键的输入体验人机交互控制，通过按键控制 LED 灯的亮灭。

实验内容

在 IAR 集成开发环境中配置好应用开发环境，编写 IAR 程序，实现按键控制 LED 的亮灭。当按下开关按键 SW1 时，LED4 红灯亮；松开开关按键 SW1 时，LED4 红灯灭。

实验原理

CC2530 实验板上共有 3 个开关按键，分别为按键 SW1、按键 SW2、按键 SW3。SW1 为通用控制按键，位于图 2-1 中间下部位置；SW2 为 Test 按键，位于图 2-1 右侧下部位置；SW3 为复位按键，位于 Test 按键上方。本实验先介绍按键 SW1 的使用。

按键 SW1 接在 CC2530 的 P1 口的 P1.2 引脚，为输入信号。接线示意图如图 2-4 所示。SW1 按下键期间，低电平有效。由于 SW1 外接了 10 kΩ 的上拉电阻，所以在配置寄存器时，不用配置 P1.2 位的上拉模式。

首先介绍 P1 口接的全部 LED 和按键 SW1 的 P1.0、P1.1、P1.2、P1.3、P1.4 位方向配置和功能选择配置（见表 2-1）。LED1~LED4 为输出，SW1 为输入。

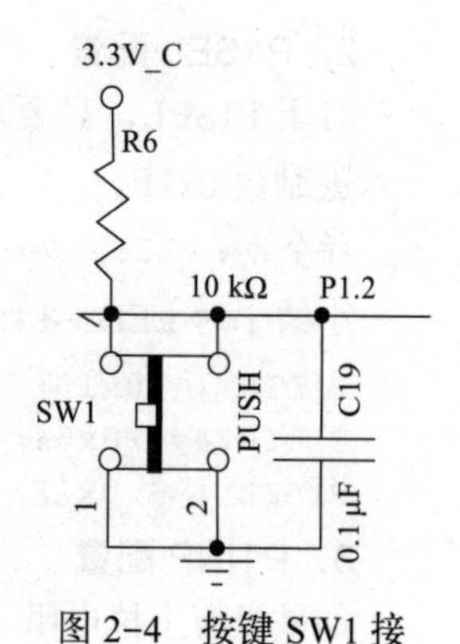

图 2-4 按键 SW1 接线示意图

表 2-1　LED 和 SW1 的方向寄存器和功能选择寄存器配置表

P1DIR 寄存器：输入为 0，输出为 1								
位名	D7	D6	D5	D4	D3	D2	D1	D0
配置值	—	—	—	1	1	0	1	1
P1SEL 寄存器：输入/输出（I/O）为 0，外设功能为 1								
位名	D7	D6	D5	D4	D3	D2	D1	D0
配置值	—	—	—	0	0	0	0	0

表 2-1 中符号“—”表示该位数值保持原有数值不变。P1DIR 需要配置 d4d3d2d1d0 为 11011，P1SEL 需要配置 d4d3d2d1d0 为 00000。根据第 1 章介绍的算法，将符号“—”表示的位均用 0 表示，其他需要置 0 或置 1 的位均用 1 表示。置 0 用“&=~”操作，置 1 用“|=”操作。

1. P1DIR 配置

对于 P1DIR，既要对 d4d3d1d0 位进行置 1 操作，又要对 d2 进行置 0 操作，所以可以分两步进行。

第一步：d4d3d1d0 位进行置 1 操作，运算数据为二进制数 00011011b 或十六进制数 0x1B。

指令为：`P1DIR |=0x1B;`

第二步：对 d2 进行置 0 操作，运算数据为二进制数 00000100b 或十六进制数 0x04。

指令为：`P1DIR &=~0x04;`

提示：由于 P1DIR 寄存器初始位值均为 0，所以第二步操作对第一步操作结果没有影响，所以在常规情况下可以省略第二步指令。但是在不确定初始值为 0 或前面有代码修改 P1DIR 位值的情况下，请按照规范指令进行初始化配置。

2. P1SEL 配置

对于 P1SEL，只要对 d4d3d2d1d0 位进行置 0 操作，运算数据为二进制数 00011111b 或十六进制数 0x1F。

指令为：`P1SEL &=~0x1F;`

小结：对 LED1~LED4、SW1 初始化配置的指令是

```
P1DIR |= 0x1B;
P1DIR &=~ 0x04;     //一般可以省略
P1SEL &=~ 0x1F;
```

3. P1INP 配置

如果没有上拉电阻：

第一步：需要先设置 P1.2 口的输入模式为上拉模式，对 P1INP 寄存器的 d2 位进行置 0 操作，运算数据为二进制数 00000100b 或十六进制数 0x04，参见表 2-2 。

指令为：`P1INP &=~0x04;`

表 2-2　P1INP 模式设置寄存器

位	名 称	复 位	R/W	描 述
7:2	MDP1_[7:2]	0000 00	R/W	P1.7 到 P1.2 的 I/O 输入模式 0：上拉 / 下拉 [P2INP（0xF7）为端口 2 输入模式]
1:0	—	00	RO	不使用

第二步：需要设置 P1 口为上拉模式，对 P2INP 寄存器的 d6 位进行置 0 操作，运算数据为二进制数 01000000b 或十六进制数 0x40，参见表 2-3。

指令为：P2INP &=~0x40;

表 2-3　P2INP 模式设置寄存器

位	名 称	复 位	R/W	描 述
7	PDUP2	0	R/W	端口 2 上拉 / 下拉选择。对所有端口 2 引脚设置为上拉 / 下拉输入。0：上拉；1：下拉
6	PDUP1	0	R/W	端口 1 上拉 / 下拉选择。对所有端口 1 引脚设置为上拉 / 下拉输入。0：上拉；1：下拉
5	PDUP0	0	R/W	端口 0 上拉 / 下拉选择。对所有端口 0 引脚设置为上拉 / 下拉输入。0：上拉；1：下拉
4:0	MDP2_[4:0]	0 0000	R/W	P2.4 到 P2.0 的 I/O 输入模式。0：上拉；1：下拉

实验步骤

（1）建立一个新项目。

（2）参照实验 1 操作步骤，建立新的工作空间“Test03”，建立新的工程“Project_Test03”，添加 C 文件 Test03.c 到工程中，完成环境配置。

（3）在 C 文件中添加代码（见“相关代码”的内容）。

相关代码

```
/******************************************************************
文件名称：Test03.c
功    能：CC253x 系列片上系统基础实验——按键控制开关
描    述：当按下 SW1 键，LED4 亮；松开 SW1 键，LED4 灭
硬件连接：LED 与 CC2530 的硬件连接关系如下
          LED                        CC2530
          LED1（D3）                 P1.0
          LED2（D4）                 P1.1
          LED3（D5）                 P1.3
          LED4（D6）                 P1.4
          SW1                        P1.2                    */
/*****************************************************************/
#include "ioCC2530.h"   // 引用 CC2530 的头文件
//定义 LED 端口：P1.0、P1.1、P1.3、P1.4     定义按键接口：P1.2
#define LED1  P1_0        // P1_0 定义为 P1.0
```

```
#define LED2  P1_1        // P1_1 定义为 P1.1
#define LED3  P1_3        // P1_3 定义为 P1.3
#define LED4  P1_4        // P1_4 定义为 P1.4
#define SW1   P1_2        // P1_2 定义为 P1.2
/*************************************************************
函数名称：delay
功    能：软件延时
入口参数：无
出口参数：无
返 回 值：无
*************************************************************/
void delay(unsigned int time)
{
  unsigned int i;
  unsigned char j;
  for(i=0; i<time; i++)
  {
    for(j=0; j<240; j++)
    {
        asm("NOP");  //asm 是内嵌汇编，NOP 是空操作，执行一个指令周期
        asm("NOP");
        asm("NOP");
    }
  }
}
/*************************************************************
函数名称：initIO
功    能：初始化系统 IO
入口参数：无
出口参数：无
返 回 值：无
*************************************************************/
void initIO(void)
{
  P1SEL &=~0x1F;            //设置 LED1~LED4、SW1 为普通 IO 口
  P1DIR |=0x1B ;            //设置 LED1~LED4 为输出
  P1DIR &=~0x04;            //SW1 按键在 P1.2 设定为输入
  //P1INP &=~0x04;          //P1INP 的 d2 位为 0，P1.2 为"上拉/下拉"模式
  //P2INP &=~0x40;          //P2INP 的 d6 位为 0，设置 P1 口为上拉模式
  LED1=0;                   //LED1~LED4 赋值 0，输出低电平到对应引脚，熄灭 LED
  LED2=0;
  LED3=0;
  LED4=0;
}
/*************************************************************
函数名称：main
功    能：main 函数入口
入口参数：无
```

```
出口参数：无
返 回 值：无
**************************************************************/
void main(void)
{
  initIO();                           // 调用 IO 初始化配置子函数
  while(1)
  {
    if(SW1==0)                        // 低电平有效
    {
      delay(100);                     // 延时，确认检测到按键按下
      if(SW1==0)
      {
        while(!SW1)     LED4=1;       // 按键按住期间，LED4 亮
        LED4=0;                       //LED4 灭
      }
    }
  }
}
```

拓展练习

（1）改写程序，当点按 SW1 键时，红色灯与绿色灯在点亮与熄灭之间切换。

（2）按 SW1 键一次，LED1 亮，再按一次，LED2 亮，依此类推……

提示：添加计数变量标志，值域为 0~3，分别对应指示 LED1~LED4。

扫码看解题

思考题

为什么 SW1 外接 10 kΩ 上拉电阻，就可以不用设置 P1 口的上拉输入模式？

第3章 中断原理与外中断

3.1 中断原理概述

复习一下实验 3 的控制效果。当将延时函数 delay(n) 中的 n 参数值加大，达到一定时间间隔的时候，按键的反应效果变得不确定，或者很快，或者很慢。研究一下程序可以发现，在主程序循环的过程中，延时程序在执行的时候独占 CPU 运行，使得程序运行到检测到外设按键的信号的代码的时间与外设按键按下的时间之间的间隔是不确定的。如果按键按下时刚好执行完延时，按键的读取代码很快被执行，反应就很快；如果按键按下时刚好开始执行延时，按键的读取代码需要延时结束才被执行，反应就很慢。主程序循环执行，执行到读入外设操作的代码时间不确定，故反应时间是不确定的，实时响应效果也不确定。

单片机应用的一个最大的优点就是实时响应性好，可以及时处理各类监控功能。既然常规的主程序循环不能保证实时效果，为了保证系统响应的实时性，引入中断处理的概念。

1. 中断的原理

中断即打断，是指在执行当前程序时，用外部操作或者内部软件操作，打断 CPU 当前执行的程序保存当前断口，先执行紧急的任务，当完成紧急任务的执行后，再回到断口继续执行原来的程序。中断示意图如图 3-1 所示。

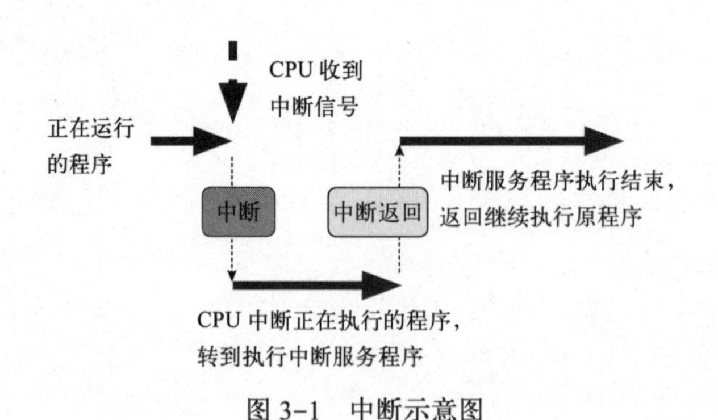

图 3-1 中断示意图

举个日常生活中的例子：

如果我们想要同时做烧一壶水与看计算机播放的电视剧两件事，请设计一下实施方案。

方案 1：先烧水，再看电视剧，串行操作，后做的事情需要等待。

方案 2：同时进行，但是可能忘记烧水水开了，导致危险。

方案 3：采用中断机制，同时进行。使用带响的水壶，水烧开时中断看电视剧，可以暂停，然后处理好开水之后再继续看电视剧。

2．中断的分类

中断分为外部硬中断和内部软中断两种。

外部硬中断是指外部硬件操作信号引起的中断。通常是按键信号或其他信号发生器发生的信号连接到 CC2530 CPU 的硬中断触发引脚位，引起中断发生。

内部软中断是指由软件编程设置条件，当程序运行到符合条件的时候，触发中断发生。

3．中断程序编写特点

由图 3-1 可以分析出，当中断服务程序执行过程很长的时候，同样会发生影响实时性的问题。所以，中断服务程序在设计和编写的时候要关注以下几个特点：

中断服务程序设计尽量短小，尽量不在中断中进行需要时间的功能程序处理，中断程序中通常进行计数处理、标志设置，把条件判断功能处理放在主程序，与主程序的交流通过全局变量实现。

功能程序在中断服务程序中执行还是在主程序中执行，取决于功能的实时性要求。也就是说，实时性要求高的功能在中断服务程序中执行。

3.2 外中断设计步骤

CC2530 有 18 个中断源。每个中断源都有它自己的位于一系列 SFR 寄存器中的中断请求标志。中断可以分别组合，可以并行执行，也可以嵌套执行（不推荐初学者使用），可以设置优先级别，每个中断请求可以通过设置中断使能 SFR 寄存器 IEN0、IEN1、IEN2 的中断使能位使能或禁止中断（参见附录表 B-1 ~ 表 B-8）。

中断服务程序编制的一个重要步骤就是设置中断向量地址。在设置好中断初始化和中断地址以后，可以在中断被触发时自动转到对应的中断地址执行中断服务程序。CC2530 中断向量表见表 3-1。表 3-1 中“中断名称”列的内容就是在中断服务程序中的地址名称；“中断向量”列的内容就是每个中断对应的跳转的中断地址；“中断屏蔽”列的内容，指示出对应中断的使能与禁止的 SFP 寄存器位名称；“中断标志”列的内容是指示当中断发生时被置位的标志位。

当某个中断条件符合时中断发生，系统自动置位该中断的中断标志位为 1，然后执行完当前指令后，立即自动转到该中断对应的中断服务程序执行，在中断服务程序结束后，回到中断前的程序继续执行，之前需要将该中断对应的中断标志位清零，以保证下一次中断能够发生（如果中断标志不被清零，下一次中断不会发生）。

CC2530 外中断的中断机制：当按下 SW1 键时，SW1 对应的 I/O 口的 P1.2 位会向 CPU 发出一个中断请求，并自动将外中断标志寄存器对应的标志位置 1，等待 CPU 响应。CPU 执行完一条指令之后就会检测是否有中断请求，如果在初始化中配置好了外中断触发允许和使能标志条件，就会根据中断服务程序中的向量地址名称转到中断服务程序执行该程序。当中断服务程序执行完成后，又会自动返回继续执行原来的程序。

中断设计步骤：

（1）中断初始化，配置 SFP 寄存器的基本参数，配置中断使能位，清零中断标志位。

（2）设计中断服务程序，标识中断对应的中断向量地址，指示中断发生时程序跳转的程序入口，结束前清零该中断对应的中断标志位。

（3）主程序的一部分实时要求高的功能移到中断服务程序中。

表 3-1　CC2530 中断向量表

中断号码	描　述	中断名称	中断向量	中断屏蔽，CPU	中断标志，CPU
0	RFTXFIFO 下溢或 RXFIFO 溢出	RFERR	03h	IEN0.RFERRIE	TCON.RFERRIF
1	ADC 转换结束	ADC	0Bh	IEN0.ADCIE	TCON.ADCIF
2	USART0RX 完成	URX0	13h	IEN0.URX0IE	TCON.URX0IF
3	USART1RX 完成	URX1	1Bh	IEN0.URX1IE	TCON.URX1IF
4	AES 加密 / 解密完成	ENC	23h	IEN0.ENCIE	S0CON.ENCIF
5	睡眠计时器比较	ST	2Bh	IEN0.STIE	IRCON.STIF
6	端口 2 输入 /USB	P2INT	33h	IEN2.P2IE	IRCON2.P2IF
7	USART0TX 完成	UTX0	3Bh	IEN2.UTX0IE	IRCON2.UTX0IF
8	DMA 传送完成	DMA	43h	IEN1.DMAIE	IRCON.DMAIF
9	定时器 1（16 位）捕获 / 比较 / 溢出	T1	4Bh	IEN1.T1IE	IRCON.T1IF
10	定时器 2	T2	53h	IEN1.T2IE	IRCON.T2IF
11	定时器 3（8 位）捕获 / 比较 / 溢出	T3	5Bh	IEN1.T3IE	IRCON.T3IF
12	定时器 4（8 位）捕获 / 比较 / 溢出	T4	63h	IEN1.T4IE	IRCON.T4IF
13	端口 0 输入	P0INT	6Bh	IEN1.P0IE	IRCON.P0IF
14	USART1TX 完成	UTX1	73h	IEN2.UTX1IE	IRCON2.UTX1IF
15	端口 1 输入	P1INT	7Bh	IEN2.P1IE	IRCON2.P1IF
16	RF 通用中断	RF	83h	IEN2.RFIE	S1CON.RFIF
17	看门狗计时溢出	WDT	8Bh	IEN2.WDTIE	IRCON2.WDTIF

查表 3-1，当前实验板的按键 SW1 连接在 15 号中断接口上，中断名称是 P1INT。

实验 4　外中断控制 LED 实验

实验目的

熟悉 CC2530 芯片 I/O 外部中断引脚的配置和使用方法；了解捕获外部中断的基本原理及 CC2530 外部中断的基本处理流程。

实验内容

在 IAR 集成开发环境中配置好应用开发环境，编写 IAR 程序，实现控制为：开始 LED1、LED2、LED3、LED4 全灭；按 SW1 键一次，LED1 亮，按 SW1 键两次，LED2 亮，按 SW1

键三次，LED3 亮，按 SW1 键四次，LED4 亮；再次按 SW1 键，LED1~LED4 全灭。重新回到初始状态，如此往复。

实验原理

实验板 SW1 连接在 CC2530 实验板的 P1 口的 P1.2 位上，通过配置 P1.2 产生中断而实现外部中断触发，来执行中断服务程序，在中断服务程序中实时响应对 LED 的亮灭。实验操作中需要配置的寄存器有 P1、P1DIR、P1SEL、P1IFG、PICTL、P0IEN。

P1、P1DIR、P1SEL 关于 I/O 的配置与实验 3 相同。下面介绍外中断初始化的配置。

1. 中断沿配置

中断信号可以是电平信号的上升沿也可以是下降沿，通过寄存器 PICTL 的 d1 位来配置(参见附录中表 A-13)。d1=0，配置为上升沿触发中断；d1=1，配置为下降沿触发中断。若没有特殊约定，可以任意选择其一。

```
指令为：PICTL &=~0x02;   // 置 0 PICTL 的 d1 位
```

或

```
        PICTL |=0x02;    // 置 1 PICTL 的 d1 位
```

2. 中断位配置

配置 P1IEN 中断屏蔽寄存器（参见附录中表 A-14 相关内容）的每一位和 P1 寄存器的每一位一一对应，SW1 接在 P1 口的 P1.2 位上，那么中断使能位就是 P1IEN 的 d2 位，对 d2 位置 0 表示禁止中断发生，对 d2 位置 1 表示使能中断发生（使能即允许）。

```
指令为：P1IEN |=0x04;      // 配置 P1.2 位中断使能，d2=1，即 00000100b=0x04
```

3. 中断口配置

配置 P1 口中断使能的是寄存器 IEN2（参见附录中表 B-3）的 d4 位，该中断使能位不支持位操作，所以需要用字节配置方式。

```
指令为：IEN2 |=0x10;     // 配置 P1 口中断使能，d4=1，即 00010000b=0x10
```

4. 总中断使能

IEN0 中断使能寄存器（参见附录中表 B-1）的 d7 位的名称是 EA，该位控制 CC2530 全部中断的使能与禁止，支持位操作。任何外中断和内中断均需在 EA=1 的情况下才能被使能。

```
指令为：EA=1;                // EA=0 表示关闭总中断
```

5. 中断标志位

每个中断发生时，都会有一个相应的标志位被置 1（初始化时一般默认为 0），执行完中断服务程序后退出之前，需要将其置 0，否则后续中断将无法再次被触发。P1 口的中断标志寄存器为 P1IFG（参见附录中表 A-12 中相关内容）。P1IFG 寄存器的每一位和 P1 寄存器的每一位一一对应，当 P1 口的某一位发生中断时，P1IFG 寄存器的对应位就会被系统自动置 1，等待中断服务程序中人工编程将其置 0（复位）。对应 P1.2 的中断标志位是 P1IFG 的 d2 位。

```
指令为：P1IFG &=~0x04;  // 清零 P1.2 中断标志位，d2=1，即 00000100b=0x04
```

6. 中断服务程序基本框架

外中断 P1 口的中断号是 15，对应的向量地址是 7Bh（地址是 7B，h 表示该数据是十六进制数格式），如果在汇编程序中使用，必须将中断服务程序入口放在此地址上。在 IRA 集成开发环境编程中，使用中断向量地址对应的中断名称 P1INT 来指定中断服务程序的入口地址。

基本代码如下：

```
#pragma vector=P1INT_VECTOR   //P1INT 指定中断向量地址
__interrupt void   P1INT _ISR(void)        // 中断服务函数名任意定义且符合
                                           //C 语言规则
{
    EA=0;                     // 关闭全局中断
    // 中断处理功能开始
    ……
    // 中断处理功能结束
    P1IFG &=~0x04;            // 清除 P1.2 中断标志，特别提示：必须清零！
    EA=1;                     // 使能全局中断
}
```

一般建议初学者不使用中断嵌套，所以建议每个中断服务程序进入后，关闭总中断，等待需要完成的功能执行完毕后，清零该中断的中断标志位，开放总中断。如果仅运行一个中断，开关总中断也可以忽略。

中断服务程序和主程序语法结构上处于互不关联的状态，二者通过全局变量交换数据或标志。按照本实验要求，在按键引起的外中断的中断服务程序功能中设置计数标志，每中断一次，计数加 1。该标志为全局变量，在主程序中，通过判断此计数标志的数值来亮灭对应计数的 LED，并控制计数复位为 0。

实验步骤

（1）建立一个新项目。

（2）参照实验 3 操作步骤，建立新的工作空间“Test04”，建立新的工程“Project_interrupt”，添加 C 文件 Test04.c 到工程中，完成环境配置。

（3）在 interrupt .c 文件中添加代码（见“相关代码”内容）。

相关代码

```
/*******************************************************************
文件名称：Test04.c
功    能：CC2530 系列片上系统基础实验——外部中断
描    述：开始 LED1、LED2、LED3、LED4 全灭；按 SW1 键一次，LED1 亮，按 SW1 键两
        次，LED2 亮，按 SW1 键三次，LED3 亮，按 SW1 键四次，LED4 亮；再次按 SW1 键，
        LED1~LED4 全灭。重新回到初始状态，如此往复。按键采用中断方式读入
硬件连接：LED 与 CC253x 的硬件连接关系如下
              LED                     CC253x
              LED1（D3）               P1.0
              LED2（D4）               P1.1
              LED3（D5）               P1.3
              LED4（D6）               P1.4
              SW1                      P1.2
*******************************************************************/
// 引用头文件，包含对 CC2530 的寄存器、中断向量等的定义
```

```
#include "ioCC2530.h"
//定义LED端口，按键
#define LED1 P1_0                 //P1_0定义为P1.0
#define LED2 P1_1                 //P1_1定义为P1.1
#define LED3 P1_3                 //P1_3定义为P1.3
#define LED4 P1_4                 //P1_4定义为P1.4
#define SW1  P1_2                 //P1_2定义为SW1
unsigned int KeyTouchtimes=0;    //定义变量记录按键次数
/*************************************************************
函数名称：delay
功    能：软件延时
入口参数：无
出口参数：无
返 回 值：无
*************************************************************/
void delay(unsigned int time)
{
  unsigned int i;
  unsigned char j;
  for(i=0; i<time; i++)
  {
    for(j=0; j<240; j++)
    {
      asm("NOP");    //asm是内嵌汇编，NOP是空操作，执行一个指令周期
      asm("NOP");
      asm("NOP");
    }
  }
}
/*************************************************************
函数名称：init
功    能：初始化系统IO
入口参数：无
出口参数：无
返 回 值：无
*************************************************************/
void init()
{
  P1SEL &=~0x1F;        //设置LED1、SW1为普通I/O口
  P1DIR |=0x1B ;        //设置LED1为输出
  P1DIR &=~0X04;        //SW1 键在 P1.2，设定为输入
  LED1=0;               //灭LED
  LED2=0;
  LED3=0;
  LED4=0;

  //PICTL &=~0x02;      //配置P1口的中断边沿为上升沿产生中断
  PICTL |=0x02;         //配置P1口的中断边沿为下降沿产生中断
```

```
  P1IEN |=0x04;                               // 使能 P1.2 中断
  IEN2 |=0x10;                                // 使能 P1 口中断

  EA=1;                                       // 使能全局中断
}

/**************************************************************
函数名称：P1INT_ISR
功    能：外部中断服务程序
入口参数：无
出口参数：无
返 回 值：无
**************************************************************/
#pragma vector=P1INT_VECTOR
__interrupt void  P1INT_ISR(void)
{
  EA=0;             // 关闭全局中断
  /* 若是 P1.2 产生的中断 */
  if(P1IFG & 0x04)
  {
    /* 等待用户释放按键，并消抖 */
    while(SW1==0);                            // 低电平有效
    delay(100);
    while(SW1==0);

    KeyTouchtimes=KeyTouchtimes+1; // 每次中断发生时记录按键次数加 1
    /* 清除中断标志 */
    P1IFG &=~0x04;                            // 清除 P1.2 中断标志
  }
  EA=1;                                       // 使能全局中断
}
/**************************************************************
函数名称：main
功    能：main 函数入口
入口参数：无
出口参数：无
返 回 值：无
**************************************************************/
void main(void)
{
  init();                                     // 调用初始化函数
  while(1)
  {
    if(KeyTouchtimes==1)              // 一盏灯亮
    {
      LED1=1;
    }
    else if(KeyTouchtimes==2)         // 两盏灯亮
```

```
      {
        LED2=1;
      }
      else if(KeyTouchtimes==3)       //三盏灯亮
      {
        LED3=1;
      }
      else if(KeyTouchtimes==4)       //四盏灯亮
      {
        LED4=1;
      }
      else if(KeyTouchtimes==5)       //全部灯灭
      {
        LED1=0;                       //灭 LED
        LED2=0;
        LED3=0;
        LED4=0;
        KeyTouchtimes=0;              //重置按键次数记录变量
      }
    }
  }
```

拓展练习

（1）改写程序，当点按 SW1 键时，LED1~LED4 轮流点亮，之后全灭，再重新循环。

（2）编写跑马灯程序，按 SW1 键一次，开始跑马灯，再按 SW1 键一次，停止。再反复。

思考题

（1）在主程序中添加 delay(10000)，测试按键反应速度并解释原因。

（2）相关代码的中断服务程序，仅对一个按键的外中断适合。如果 P1.5 再接一个按键 SW0，触发外中断，需要做哪些改进?

提示：修改初始化，添加对 P1.5 的 P1DIR、P1SEL 的配置，添加 P1.5 对应的中断沿、位、口的中断设置。注意是添加，原有设置不能改变，参数配置要用“|=”和“&=~”运算，不能用赋值运算。

无论 P1 口的哪个位发生外中断，其中断名称都是 P1INT，所以中断服务程序入口都是一个，需要在中断中判断是哪个位引起的中断，并且处理完功能后置 0 该位。通用模板如下所示：

```
#pragma vector=P1INT_VECTOR
__interrupt void EINT_ISR(void)
{
    EA=0;                    //关闭全局中断

    if(P1IFG & 0x04)      //若是 P1.2 产生的中断，P1.2 是 d2 位，运算数是 0x04
    {
      //功能处理
       P1IFG &=~0x04;     //清除 P1.2 中断标志
```

```
    }
    if(P1IFG & 0x10)     //若是 P1.5 产生的中断，P1.5 是 d5 位，运算数是 0x10
    {
        //功能处理
        P1IFG &=~0x10;   //清除 P1.5 中断标志
    }
//如果有其他位，类似处理
    EA=1;                //使能全局中断
}
```

（3）编写 P1 口其他位引起的外中断触发中断处理程序。

3.3 IAR 集成开发环境编程调试

随着学习内容的深入，需要编制程序完成的功能复杂性增加，语句条数越来越多，逻辑功能越来越复杂，单纯靠学习者静态研读程序，不容易保证程序逻辑功能设计的正确性，所以需要学习 IAR 集成开发环境的单步调试功能。

无论如何仔细思考设计的程序，都有可能出现编译语法错误和逻辑错误两大类问题。在此分别介绍解决问题的基本思路与方法。

扫码看视频

3.3.1 编译常见问题

在 IAR 集成开发环境下编制单片机 CC2530 应用程序的学习者必须具有 C 语言编程基础。程序编译检查出现的问题，通常是违背了 C 语言的基本语法和规则。IAR 集成开发环境下部的窗口中常常会给出错误提示信息。常见的错误有以下几种：

（1）使用未定义变量，如图 3-2 所示。

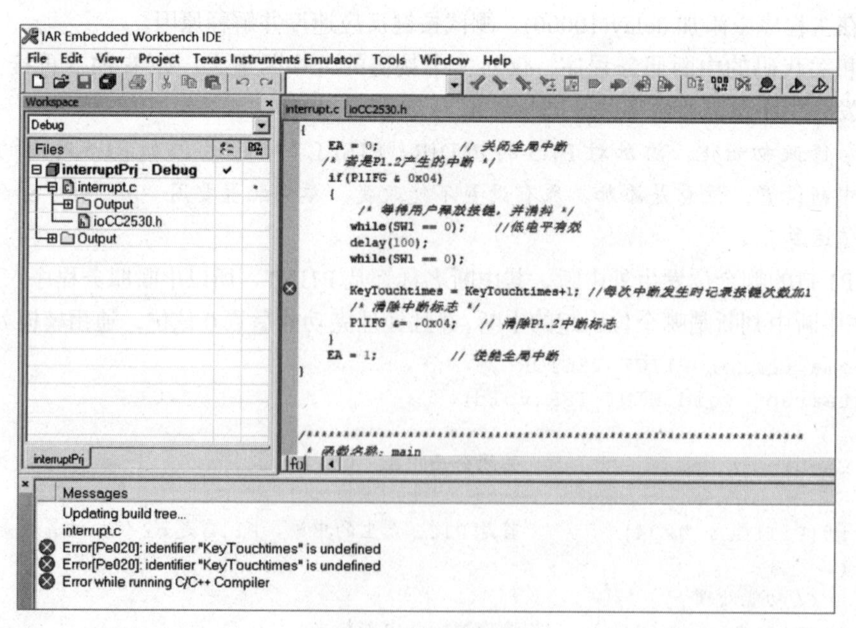

图 3-2　变量未定义示

（2）成对出现的符号，如“”、()、{ } 等，一定要成对书写，防止漏写造成错误，如图 3-3 所示。

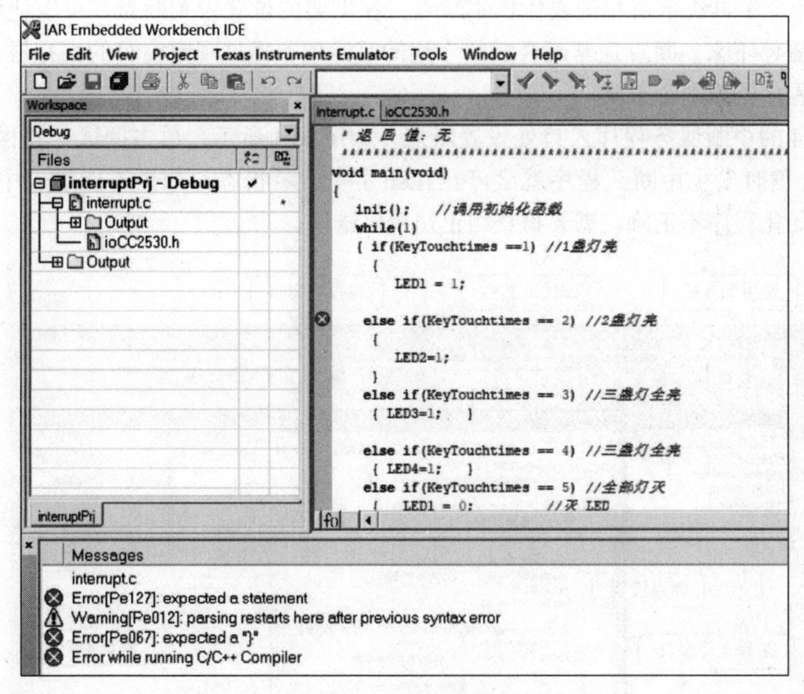

图 3-3 符号错误提示

（3）如果反复检查出现红色错误提示标志的当前的行没有语法错误，可检查上一行。

（4）如果调用的子函数放在后面，需要在被调用前面加一个基本格式定义行。

可能出现的编译错误不可预料，故此仅提示至此。

3.3.2 逻辑编译调试

当程序通过了基本语法编译之后，若运行结果不是设计者预计的情况，则需要通过 IAR 集成开发环境的单步调试来检查改正错误。

首先，将 PC 和仿真器连接上实验板并加电，选择 Project → Rebuild All 命令对工程文件进行编译，选择 Project → Download and Debug 命令或按【Ctrl+D】组合键进入调试状态，也可以单击工具栏的绿色三角按钮，进入调试状态。

其次，学习使用快速调试工具条，工具条从左至右各按钮说明如下：

第 1 个，复位按钮。

第 2 个，break 中断运行按钮。

第 3 个，单步执行开始按钮。

第 4 个，step into，单步进入子函数调试按钮。

第 5 个，step out，退出单步进入子函数调试按钮。

第 6 个，next statement，单步执行下一步按钮。

第 7 个，直接执行到光标指示位置按钮。

第 8 个，go 执行按钮。

第三，断点设置。双击需要停下来的代码行左侧边框，或移动光标到设置行选择 Toggle Breakpoint 命令；再次单击相同操作撤销断点。在需要的位置设置断点，可以让程序直接运行到断点位置停下来。断点通常配合后续介绍的第四项，通过观察窗口的寄存器、变量的值的变化确定程序逻辑是否正确。

在实验 4 的中断服务程序入口处设置断点，如图 3-4 所示。单击调试工具栏运行按钮，当单击 SW1 键时发生中断，程序就会停止在图 3-4 所示状态。如果不能进入中断入口处，说明中断初始化程序不正确，需要检查纠正初始化错误。

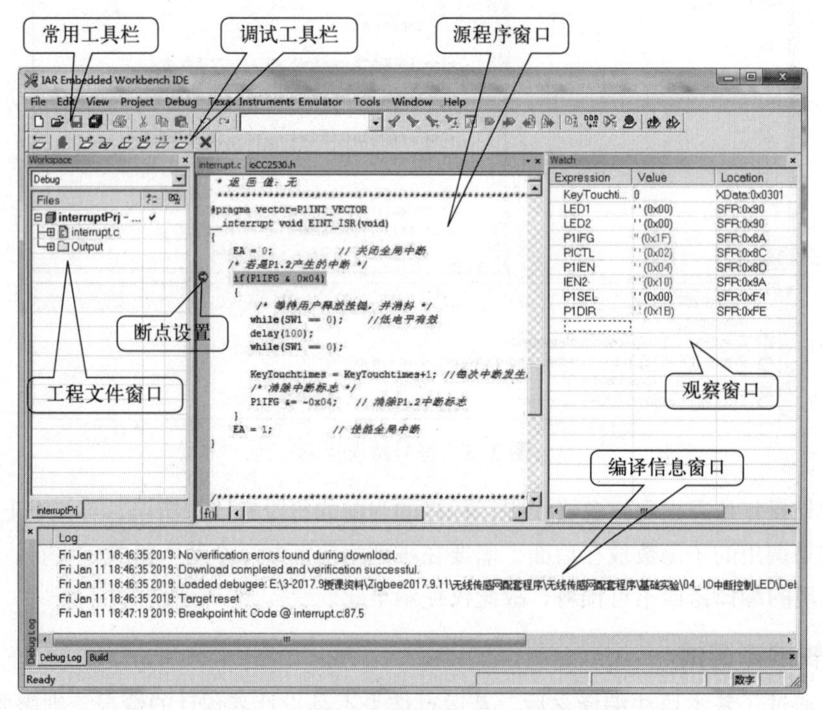

图 3-4　IAR 集成开发环境调试界面

取消图 3-4 所示断点，设置断点如图 3-5 所示，单击调试工具栏运行按钮，当单击 SW1 键一次，中断中给计数变量 KeyTouchtimes 加 1，退出中断后回到主程序，就会执行条件符合的 if 指令下的分支。

取消图 3-5 所示第一个断点，单击调试工具栏运行按钮，再单击 SW1 键一次，到达符合第二个断点的状态，如图 3-6 所示。

第四，添加观察窗口。双击选中需要观察的寄存器、变量，右击，在弹出的快捷菜单中选择 Add to Watch 命令，选择的寄存器或变量就会被添加到右侧观察窗口中，可以在运行中实时观察其数值的变化，跟踪程序执行逻辑是否正确。

在图 3-4 中，可以看到设置的寄存器的设置值的状态；在图 3-5 中，可以看到第一次按键按下以后 KeyTouchtimes=1，在图 3-6 中，可以看到第二次按键按下以后 KeyTouchtimes=2，LED1 已经赋值 1，LED2 未被赋值 1，还是初始化的值 0。

最后，调试结束，删除全部断点，运行程序烧写到实验板。

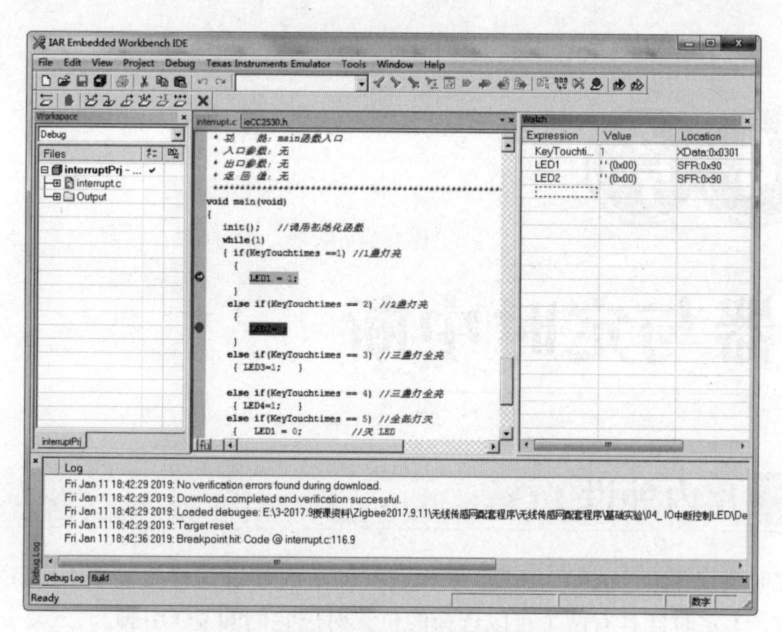

图 3-5　到达断点 1 状态时的观察窗口

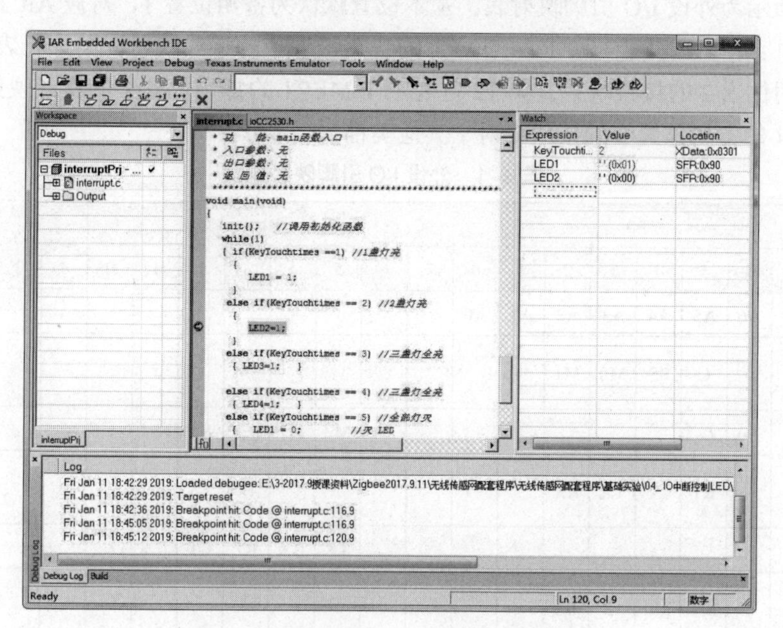

图 3-6　到达断点 2 状态时的观察窗口

提示：程序复制到硬盘中进行调试操作，否影响反应速度。

第 4 章 定时器与定时中断

4.1 片内外设 I/O

T 系列定时器、串口 UART、ADC 采样这样的片内外设同样也需要 I/O 口实现其功能。对应于 UART、T 定时器具有两个可以选择的位置对应它们的 I/O 引脚。

表 4-1 所示为外设 I/O 引脚映射表。基本位置默认为备用位置 1，对应 Alt.2 标识为备用位置 2。例如：第 6 行表示 USART0 UART 的备用位置 1 的接线映射，第 7 行表示 USART0 UART 的备用位置 2 的接线映射；第 12 行表示 TIMER1 的备用位置 1 的接线映射，第 13 行表示 TIMER1 的备用位置 2 的接线映射；其他类推。

表 4-1　外设 I/O 引脚映射表

外设 / 功能	P0								P1								P2				
	7	6	5	4	3	2	1	0	7	6	5	4	3	2	1	0	4	3	2	1	0
ADC	A7	A6	A5	A4	A3	A2	A1	A0													T
USART0 SPI			C	SS	M0	M1															
Alt.2											M0	M1	C	SS							
USART0 UART			RT	CT	TX	RX															
Alt.2											TX	RX	RT	CT							
USART1 SPI			M1	M0	C	SS															
Alt.2									M1	M0	C	SS									
USART1 UART			RX	TX	RT	CT															
Alt.2									RX	TX	RT	CT									
TIMER1		4	3	2	1	0															
Alt.2	3	4												0	1	2					
TIMER3												1	0								
Alt.2									1	0											

续表

外设 / 功能	P0								P1								P2				
	7	6	5	4	3	2	1	0	7	6	5	4	3	2	1	0	4	3	2	1	0
TIMER4															1	0					
Alt.2																		1			0
32kHz XOSC																	Q1	Q2			
DEBUG																			DC	DD	

在前面的实验中，I/O 引脚是当成输入 / 输出用的，PxSEL 寄存器的对应位被设置为 0（X 用来标识外设端口 0，1，2），而在这里 I/O 引脚被选择为片内外设功能，需要将 PxSEL 寄存器的对应位设置为 1。由 PERCFG 寄存器标识，是使用备用位置 1 还是备用位置 2，参见附录中表 A-11，该寄存器默认值为 0，即默认均使用备用位置 1。

也就是说，在使用片内外设的时候，如果不是使用默认配置（备用位置 1），使用前必须初始化 PERCFG 寄存器的对应位为 1。具体将在后续使用时详细介绍。

4.2 时钟源设置

4.2.1 系统时钟

时钟源电路为单片机内部各单元提供基本的运行时基，类似于做广播体操放的音乐，用于协调和同步各单元运行，为时序电路提供基本脉冲信号。时钟周期是单片机的基本时间单位，若时钟晶振的振荡频率为 f_{osc}，则时钟周期 $T_{osc}=1/f_{osc}$（即振荡频率的倒数）。例如：若晶振频率为 16 MHz，则时钟周期 $T_{osc}=1/16$ μs；若晶振频率为 32 MHz，则时钟周期 $T_{osc}=1/32$ μs。高速系统时钟示意图如图 4-1 所示。

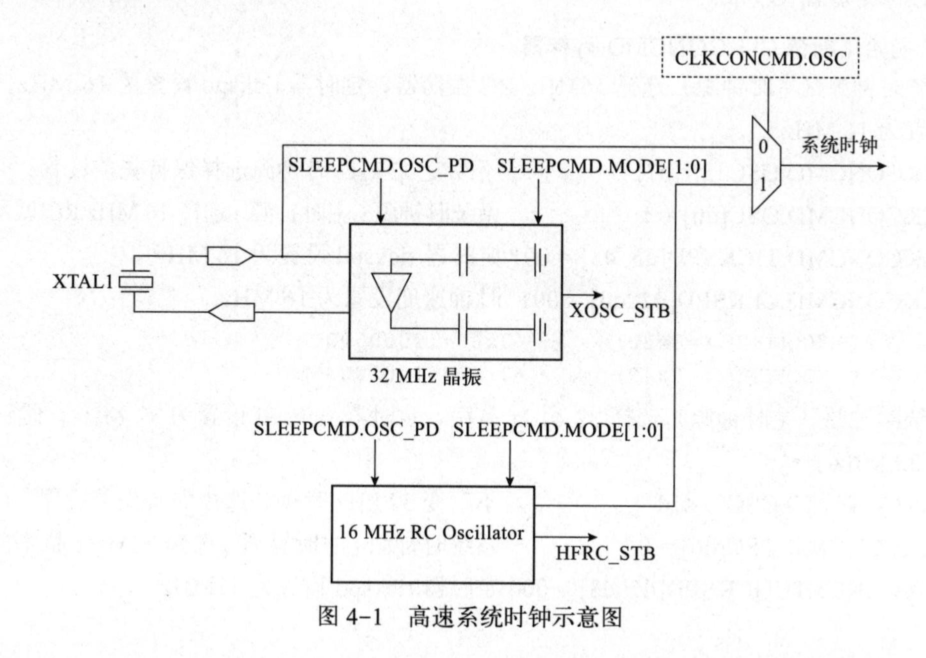

图 4-1　高速系统时钟示意图

设备有一个内部系统时钟或称主时钟。该系统时钟的源既可以采用 16 MHz RC 振荡器，也可以采用 32 MHz 晶体振荡器（简称“32 MHz 晶振”）。时钟源的控制可以使用 CLKCONCMD SFR 寄存器执行。CLKCONSTA 寄存器是一个只读的寄存器，用于获得当前时钟状态。振荡器可以选择高精度的晶体振荡器，也可以选择低功耗的高频 RC 振荡器。

设备有两个高频振荡器：32 MHz 晶振，16 MHz RC 振荡器。

32 MHz 晶振启动时间对一些应用程序来说可能比较长，因此设备可以运行于 16 MHz RC 振荡器，直到晶振稳定。16 MHz RC 振荡器功耗少于 32 MHz 晶振，但是由于不像 32 MHz 晶振那么精确，所以不能用于 RF 收发器操作（无线收发）。

4.2.2 系统时钟配置与使用

系统时钟是从所选的主系统时钟源获得的，主系统时钟源可以是 32 MHz XOSC（指外部的晶振给系统提供 clock）或 16 MHz RCOSC（指单片机内部的 RC 振荡电路提供系统 clock）。CLKCONCMD.OSC 位选择主系统时钟源。

注意：要使用 RF 收发器，必须选择高速且稳定的 32 MHz 晶振。

时钟源控制寄存器的名称为 CLKCONCMD，参见附录中表 C-2。d7 位默认复位状态为 1，d6 位复位状态为 1，d5d4d3 默认复位状态为 001，d2d1d0 默认复位状态为 001。也就是说，如果没有对 CLKCONCMD 寄存器进行初始化配置，默认配置为选择时钟源输出为 16 MHz。这就是为什么在前面的实验中未配置时钟源，但是依然可以执行程序功能，1 系统默认时钟源输出为 16 MHz。

注意：（1）改变 CLKCONCMD.OSC 位不会立即改变系统时钟。时钟源的改变首先在 CLKCONSTA.OSC = CLKCONCMD.OSC 的时候生效。这是因为在实际改变时钟源之前需要有稳定的时钟。CLKCONCMD.CLKSPD 位反映系统时钟的频率，因此是 CLKCONCMD.OSC 位的映像。

（2）选择了 32 MHz XOSC 且稳定之后，即当 CLKCONSTA.OSC 位从 1 变为 0，16 MHz RC 振荡器就被校准。

1. 初始化配置 CLKCONCMD 寄存器

系统时钟源（主时钟源）选择 16MHz RC 振荡器，定时器 tickspd 设置为 16 MHz，时钟速度设置为 16 MHz：

CLKCONCMD.OSC32K[d7]　　不改变 32 kHz 时钟源选择保持先前设置
CLKCONCMD.OSC[d6] = 1　　系统时钟源（主时钟源）选择 16 MHz RC 振荡器
CLKCONCMD.TICKSPD[d5..d3] = 001 定时器 tickspd 设置为 16 MHz
CLKCONCMD.CLKSPD[d2..d0] = 001 时钟速度设置为 16 MHz

指令为：
```
CLKCONCMD &=0x80;       //0x80=10000000 b
CLKCONCMD |=0x49;       //0x49=01001001 b
```

系统时钟源（主时钟源）选择 32 MHz 晶振，定时器 tickspd 设置为 32 MHz，时钟速度设置为 32 MHz：

CLKCONCMD.OSC32K[d7]　　不改变 32 kHz 时钟源选择保持先前设置
CLKCONCMD.OSC[d6] = 0　　系统时钟源（主时钟源）选择 32MHz 晶体振荡器
CLKCONCMD.TICKSPD[d5..d3] = 000 定时器 tickspd 设置为 32MHz

CLKCONCMD.CLKSPD[d2..d0] = 000 时钟速度设置为 32MHz

指令为：CLKCONCMD &=0x80; // 10000000 b

2. 时钟状态寄存器 CLKCONSTA 监测

设置好 CLKCONCMD 以后，采用循环等待的方式，判断：时钟控制缓存器 CLKCONCMD 和时钟状态寄存器 CLKCONSTA（参见附录中表 C-3）是否一致，如果一致说明完成设置，不一致则继续等待、查询。

提示：用 do
　　　{ }whlie（条件） 语句实现。

例如：

```
do
{   }while(CLKCONSTA!=CLKCONCMD);
     //等待直到 CLKCONSTA 寄存器的值与 CLKCONCMD 寄存器的值相同
```

实验 5 系统时钟源配置实验

实验目的

熟悉 CC2530 芯片系统时钟源（主时钟源）的选择，掌握高速晶体振荡器或 RC 振荡器的配置和使用。

实验内容

在 IAR 集成开发环境中配置好应用开发环境，编写 IAR 程序，实现控制为：分别选择 32 MHz 晶振或 16 MHz RC 振荡器作为 CC2530 片上系统的系统时钟源（主时钟源）；并观察相同的 LED 闪烁代码在这两种时钟源下的闪烁速度的区别。

实验原理

默认在 PM0 功耗模式下（后续介绍功耗模式选择），可配置 32 MHz 晶振或 16 MHz RC 振荡器作为 CC2530 片上系统的系统时钟源（主时钟源）。设置系统时钟源需要配置时钟控制寄存器 CLKCONCMD 和睡眠模式寄存器 SLEEPCMD。高速系统时钟示意图见图 4-1，CLKCONCMD.OSC 用于选择系统时钟振荡器为 32 MHz 晶振或 16 MHz RC 振荡器，SLEEPCMD.MODE[1:0] 用于设置系统功耗模式，默认值为 00，为 PM0 模式，参见附录中表 C-1。

实验步骤

（1）建立一个新项目。

（2）参照实验 4 操作步骤，建立新的工作空间“Test05”，建立新的工程“Project_Clock”，添加 C 文件 Test05.c 到工程中，完成环境配置。

（3）在 Clock.c 文件中添加代码（见“相关代码”的内容）。

相关代码

```
/***********************************************************************
文件名称：Clock.c
功    能：CC2530 芯片基础实验——系统时钟源（主时钟源）的选择
描    述：分别选择 32 MHz 晶振和 16 MHz RC 振荡器作为 CC2530 系列芯片系统的系统时钟
        源（主时钟源），观察相同的 LED 闪烁代码在这两种时钟源下的闪烁速度的区别。
硬件连接：同实验 4
***********************************************************************/
#include "ioCC2530.h"  // CC2530 的头文件
//定义系统时钟源（主时钟源）枚举类型
enum SYSCLK_SRC{XOSC_32MHz,RC_16MHz}; // 定义枚举类型变量
/***********************************************************************/
//定义 LED 端口：P1.0、P1.1、P1.3、P1.4     定义按键接口：P1.2
#define LED1  P1_0      // P1_0 定义为 P1.0
#define LED2  P1_1      // P1_1 定义为 P1.1
#define LED3  P1_3      // P1_3 定义为 P1.3
#define LED4  P1_4      // P1_4 定义为 P1.4
#define SW1   P1_2      // P1_2 定义为 P1.2
/***********************************************************************
函数名称：delay
功    能：软件延时
入口参数：无
出口参数：无
返 回 值：无
***********************************************************************/
void delay(unsigned int time)
{
unsigned int i;
  unsigned char j;
  for(i=0; i<time; i++)
  {
   for(j=0; j<240; j++)
   {
       asm("NOP");   //asm 是内嵌汇编，NOP 是空操作，执行一个指令周期
       asm("NOP");
       asm("NOP");
   }
  }
}
/***********************************************************************
函数名称：initIO
功    能：初始化系统 IO
入口参数：无
出口参数：无
返 回 值：无
***********************************************************************/
void initIO(void)
```

```
{
  P1SEL &=~0x1F;                //设置 LED1~LED4、SW1 为普通 I/O 口
  P1DIR |=0x1B ;                //设置 LED1~LED4 为输出
  P1DIR &=~0x04;                //SW1 按键在 P1.2，设定为输入
  LED1=0;                       //LED1~LED4 赋值 0，输出低电平到对应引脚，灭 LED
  LED2=0;
  LED3=0;
  LED4=0;
}
/**************************************************************
函数名称：BlinkLeds
功    能：闪烁 LED
入口参数：无
出口参数：无
返 回 值：无
**************************************************************/
void BlinkLeds(void)            //闪烁红色 LED
{
  LED2=!LED2;
  LED4=!LED4;
  delay(5000);                  //延时
}

/**************************************************************
函数名称：SystemClockSourceSelect
功    能：选择系统时钟源（主时钟源）
入口参数：source
        XOSC_32MHz  32MHz 晶振
        RC_16MHz    16MHz RC 振荡器
出口参数：无
返 回 值：无
**************************************************************/
void SystemClockSourceSelect(enum SYSCLK_SRC source)
{
  if(source==RC_16MHz)
  {
    CLKCONCMD &=0x80;           //10000000b
    CLKCONCMD |=0x49;           //01001001b
  }
  else if(source==XOSC_32MHz)
  {
    CLKCONCMD &=0x80;
  }
  //等待所选择的系统时钟源（主时钟源）稳定
  do
  {
  }while(CLKCONCMD!=CLKCONSTA);
  //直到 CLKCONSTA 寄存器的值与 CLKCONCMD 寄存器的值一致，
  //说明所选择的系统时钟源（主时钟源）已经稳定
```

```
}
/*************************************************************
函数名称：main
功    能：main 函数入口
入口参数：无
出口参数：无
返 回 值：无
*************************************************************/
void main(void)
{
  initIO();    //调用 IO 初始化函数
  while(1)
  {
    //选择 16MHz RC 振荡器作为系统时钟源（主时钟源），然后闪烁 LED
    SystemClockSourceSelect(RC_16MHz);
    for(int i=0;i<8;i++)
      BlinkLeds();
    //选择 32MHz 晶振作为系统时钟源（主时钟源），然后闪烁 LED
    SystemClockSourceSelect(XOSC_32MHz);
    for(int i=0;i<8;i++)
      BlinkLeds();
  }
}
```

拓展练习

（1）改写程序，LED1、LED2（16MHz）持续闪；LED3、LED4（32 MHz）持续闪。

（2）改写程序，当点按 SW1 键时 (外中断模式，参见实验 4)，切换 16 MHz 和 32 MHz 的时钟源选择，LED1、LED2 以 16 MHz 设置闪烁，LED3、LED4 以 32 MHz 设置闪烁，观察结果并解释原因。

思考题

（1）为什么指示灯闪烁的频率不一样？

（2）可以设置比 32 MHz 更高的频率吗？

4.3 定时器

所谓定时器，就是由一个 8 位或 16 位的寄存器作为计数器，每次加 1，加到合适的计数对应时间，表示时间到给系统时间到标志，来控制某些需要定时执行的模块执行相应功能程序。定时器广泛应用于工业、物联网相关行业的监测与控制应用中的时间控制。

4.3.1 定时器简介

CC2530 共有 4 个 T 定时器，分别为 T1、T2、T3、T4。

T1 为 16 位定时器，有 5 个独立的输入采样 / 输出比较通道，支持输出比较和 PWM 功能等，每一个通道对应一个 I/O 口。

T2 为 MAC（ZigBee 无线协议的控制子层）定时器，主要用于为 802.15.4 CSMA-CA 算法提供定时，以及为 802.15.4 MAC 层提供一般的计时功能。当 T2 和睡眠定时器一起使用时，即使系统进入低功耗模式也会提供定时功能。定时器运行在 CLKCONSTA.CLKSPD 指明的速度上。如果 T2 和睡眠定时器一起使用，时钟速度必须设置为 32 MHz，且必须使用一个外部 32 kHz XOSC 获得精确结果。

T3、T4 为 8 位定时 / 计数器，支持输出比较和 PWM 功能。T3、T4 有两个独立的输出比较通道，每一个通道对应一个 I/O 口。

4.3.2 定时器 T1

定时器 T1 是一个独立的 16 位定时器，支持典型的定时 / 计数功能，比如输入捕获、输出比较和 PWM 功能，T1 有 5 个独立的捕获 / 比较通道。每个通道定时器使用一个 I/O 引脚。参见表 4-1。备用通道 1 见第 12 行，对应 P0.2~P0.6，备用通道 2 见第 13 行对应 P1.0、P1.1、P1.2 和 P0.6、P0.7。

定时器 T1 的主要特点：

（1）5 个捕获 / 比较通道。

（2）16 位定时器。

（3）具有自由运行模式、模模式、正计数 / 倒计数模式。

（4）时钟分频系数：1、8、32、128。

（5）在每个捕获 / 比较和最终计数上生成中断请求。

（6）上升沿、下降沿或任何边沿的输入捕获；设置、清除或切换输出比较；DMA 触发功能等。

4.3.3 定时器的模式

一般来说，控制寄存器 T1CTL 用于控制定时器操作。状态寄存器 T1STAT 保存中断标志。定时器 T1 有 3 种操作模式，对应不同的定时器应用，分别为：自由运行模式、模模式、正计数 / 倒计数模式 3 种。下面分别介绍 3 种模式定时器 T1 的初始化配置。

1. 自由运行模式

在自由运行模式下，T1 计数从 0x0000 开始，每个活动时钟边沿增加 1。当计数器达到 0xFFFF（溢出），计数复位载入 0x0000，继续递增计数器的值。当达到最终计数值 0xFFFF，设置溢出标志 IRCON.OVFIF 和状态位 T1STAT.OVFIF。如果设置相应的中断屏蔽位 TIMIF.OVFIM 以及 IEN1.T1IE，将产生一个中断请求。自由运行模式可以用于产生独立的时间间隔，输出信号频率。

简言之，自由运行模式下，计数寄存器从 0x0000 加 1 至 0xFFFF 为一个周期，之后发出溢出中断请求，置位中断标志 4 寄存器 IRCON 的 d1 位，即 T1IF 标志位（定时器 1 中断标志位），之后复位重新计数，如图 4-2 所示。

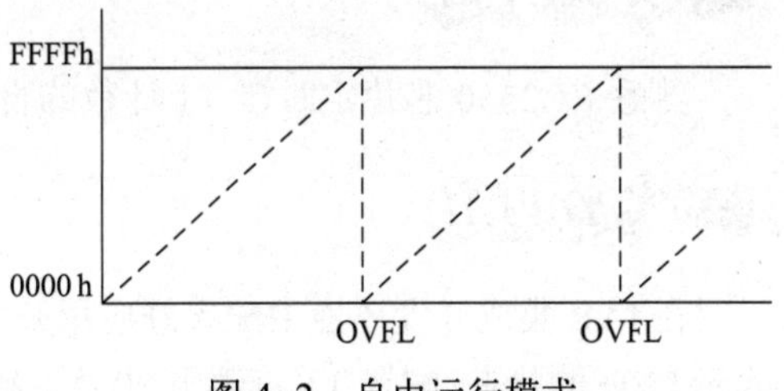

图 4-2 自由运行模式

2. 模模式

当定时器运行在模模式，16 位计数器从 0x0000 开始，每个活动时钟边沿增加 1。当计数定时器 T1CC0 等于寄存器 T1CC0H：T1CC0L 保存的上限值时，计数器溢出并将复位到 0x0000，循环往复。如果定时器开始于 T1CC0 以上的一个值，当达到最终计数值（0xFFFF）时，设置标志 IRCON.T1IF 和 T1CTL.OVFIF。如果设置了相应的中断屏蔽位 TIMF.OVFIM 以及 IEN1.T1IE，将产生一个中断请求。模模式大量用于周期不是 0xFFFF 的应用程序。

简言之，模模式是采用比较计数次数达到 T1CC0 寄存器指定的参数（初始化中预置）时为一个周期，计数器重新载入 0 再次计数到 T1CC0，之后复位重新计数，如图 4-3 所示。

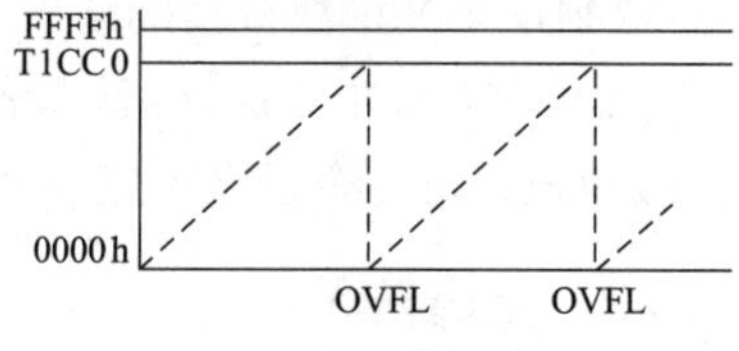

图 4-3　模模式

3. 正计数 / 倒计数模式

在正计数 / 倒计数模式下，计数器反复从 0x0000 开始，正计数加 1 直到 T1CC0H：T1CC0L 保存的值。然后计数器将减 1 倒数计数直到 0x0000。这个定时器用于周期必须是对称输出脉冲而不是 0xFFFF 的应用程序，因为这种模式允许中心对齐的 PWM 输出应用的实现。在正计数 / 倒计数模式下，当达到最终计数值，设置标志 IRCON.T1IF 和 T1CTL.OVFIF。如果设置了相应的中断屏蔽位 TIMIF.OVFIM 以及 IEN1.T1EN，将产生一个中断请求。

简言之，正计数 / 倒计数模式是采用比较计数加 1，计数达到 T1CC0 寄存器指定的参数（初始化中预置）时，改为减计数到达计数器为 0 时为一个周期，之后复位重新计数，如图 4-4 所示。

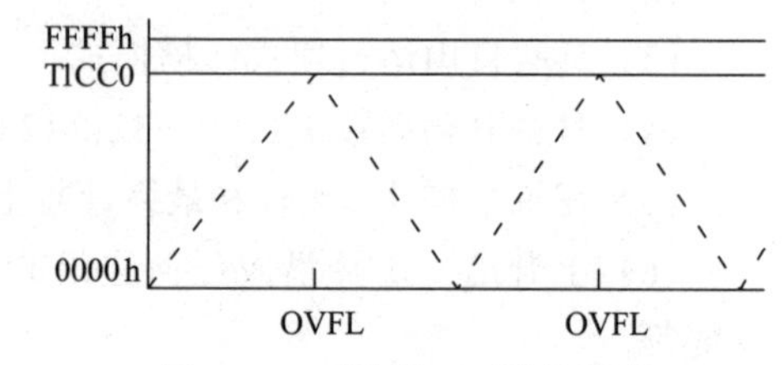

图 4-4　正计数 / 倒计数模式

4.3.4　定时器的时间配置计算方法

假如需要一个 0.5 s 的时间间隔，需要定时器计数多少次？

这个需要对应选择定时器的模式（自由运行模式、模模式、正计数 / 倒计数模式），然后设置一下时钟源（16 MHz、32 MHz），再选择配置定时器的分频选项，获得计数一次需要的时间 *t*（单位是 s），那么 0.5/*t* 就是计数的次数，后续分模式进行介绍。

实验 6　定时器 T1 应用——自由运行模式

实验目的

熟悉 CC2530 芯片定时器 T1 计数的自由运行模式配置与使用方法。

实验内容

在 IAR 集成开发环境中配置好应用开发环境，编写 IAR 程序，实现控制为：用定时器 T1 表示 LED 的状态，配置 T1 每溢出 30 次，大约 0.5 s，LED 亮灭变化一次，且 LED2 亮、LED4 灭。

实验原理

配置定时器 T1 使用自由运行模式。计数溢出次数为 30 次时的时间间隔，作为 LED 变化状态的时间间隔，不再使用延时程序。

1．定时时间间隔计算方法

（1）系统时钟源选择 32 MHz。

（2）选择 8 分频模式，分频配置以后就是 32/8 MHz，时间是频率的倒数，那么计数一次的时间是 $t = 1/(32/8 \times 1\,000\,000)$s。

（3）计数 0x0000~0xFFFF，对应十进制数是 0~65 535，总数为 65 536 次。

（4）$(0.5/t)$ 得到的次数大于 65 535，也就是说一次计数不够，所以需要多次计数才能达到 0.5 s 的时间间隔。这个次数为（$0.5/t$）/65 536，约等于 30 次。

注意：由于不能整除，导致自由运行模式计数不够精确。

2．配置定时器控制寄存器 T1CTL

参见附录中表 D-3：选择 8 分频，d3d2 为 01；选择自由运行模式，d1d0 为 01。

```
指令为：T1CTL=0x05;   //00000101b
```

3．判断定时器 T1 的溢出中断标志位 T1IF

（1）当计数器计数达到 0xFFFF 时，计数器发生溢出，置位中断标志 4 寄存器 IRCON 的 d1 位（标志位名称为 T1IF，可以位操作）为 1。

```
判断条件算式为：IRCON & 0x02==0x02
        // 寄存器操作指令：判断 T1 溢出中断标志为 1 是否为真
或者：T1IF==1     // 位操作指令：判断 T1 溢出中断标志为 1 是否为真
```

（2）判断溢出后记录溢出次数（申请一个变量保存累加次数），然后复位置零标志位 T1IF，等待下一次溢出再置位。

```
指令为：IRCON &=~0x02;  // 寄存器操作指令：置零 T1 溢出中断标志位
或者：T1IF=0;     // 位操作指令：置零 T1 溢出中断标志位
```

实验步骤

（1）建立一个新项目。

（2）参照实验 4 操作步骤，建立新的工作空间“Test06”，建立新的工程“Project_Timer1”，添加 C 文件 Timer1.c 到工程中，完成环境配置。

（3）在 Timer1.c 文件中添加代码（见“相关代码”的内容）。

相关代码

```
/*************************************************************
文件名称：Timer1.c
功    能：CC2530 系列片上系统基础实验——定时器 T1 的使用
描    述：用定时器 T1 来改变 LED 的状态，T1 每溢出 30 次，LED 状态改变一次
硬件连接：同实验 4
*************************************************************/
#include "ioCC2530.h"       // CC2530 的头文件
```

```
/***********************************************************************/
//定义 LED 端口：P1.0、P1.1、P1.3、P1.4      定义按键接口：P1.2
#define LED1  P1_0              // P1_0 定义为 P1.0
#define LED2  P1_1              // P1_1 定义为 P1.1
#define LED3  P1_3              // P1_3 定义为 P1.3
#define LED4  P1_4              // P1_4 定义为 P1.4
#define SW1   P1_2              // P1_2 定义为 P1.2
/************************************************************************
函数名称：initIO
功    能：初始化系统 IO
入口参数：无
出口参数：无
返 回 值：无
***********************************************************************/
void initIO(void)
{
  P1SEL &=~0x1F;                //设置 LED1~LED4、SW1 为普通 I/O 口
  P1DIR |=0x1B ;                //设置 LED1~LED4 为输出
  P1DIR &=~0x04;                //SW1 按键在 P1.2，设定为输入
  LED1=0;                       //LED1~LED4 赋值 0，输出低电平到对应引脚，灭 LED
  LED2=0;
  LED3=0;
  LED4=0;
}
/************************************************************************
函数名称：initT
功    能：初始化系统定时器 T1 控制状态寄存器
入口参数：无
出口参数：无
返 回 值：无
***********************************************************************/
void initT(void)
{
  T1CTL=0x05;                   //T1 通道 0,8 分频；自动运行模式 (0x0000 → 0xFFFF);
  CLKCONCMD &=0x80;             //时钟速度设置为 32MHz
}
/************************************************************************
函数名称：main
功    能：main 函数入口
入口参数：无
出口参数：无
返 回 值：无
***********************************************************************/
void main(void)
{
  initIO();                     //调用初始化 IO 函数
  initT();                      //调用初始化定时器 T1 自由运行模式
  unsigned int counter=0;       //保存统计溢出次数的全局变量，这里宜使用局部变量
  while(1)
```

```
{
  if( T1IF==1 )             // 查询溢出中断标志，是否有中断并且为定时器 T1 发出的中断
  {
    T1IF=0;                 // 清零溢出标志位
    counter++;
    if(counter>=30)         // 中断计数，约 0.5s；( (32/8)*10^6/65
      536) 约等于 30
    {
      counter=0;
      LED1=!LED1;
      LED2=!LED2;
    }
  }
 }
}
```

拓展练习

定时器 T1 控制 LED1 和 LED2 闪烁，按 SW1 键一次改为 LED3 和 LED4 闪烁。

思考题

中断计数 30 次的时间计数约 0.5 s，请思考原理。

4.4 定时器中断

中断分为外部硬中断和内部软中断。定时器的溢出可以触发内部的软中断。实验 6 使用的是查询方式，CPU 需要不停做状态监测，浪费了 CPU 资源。下面改写程序，改为中断方式，即当发出溢出中断时停止执行 main( ) 函数，转到 T1 中断服务子程序，在中断中实现 main( ) 函数中的部分功能。

回顾一下中断设计步骤：

（1）中断初始化；

（2）中断服务程序，使用基本程序框架，指定中断地址；

（3）主程序的一部分计数程序移到中断中，改成判断时间到标志执行功能；

（4）定义全局变量用于中断服务程序和主程序交流标志状态或计数值。

4.4.1 定时器 T1 中断设计

针对定时器 T1 具体修改实验 6 代码如下：

（1）在初始化 T1 的子函数 initT() 中，要添加使能定时器 T1，参见附录中表 B-2，将 IEN1.d1 位 T1IE 置 1，并打开总中断，即 EA 置 1。

```
指令为：T1IE=1;                   // 定时器 T1 使能 (IEN1.d1)
       EA=1;                     // 开总中断
```

（2）定时器 T1 中断服务程序框架：

```
#pragma vector=T1_VECTOR      //T1 的中断地址是 T1，参见第 3 章表 3-1
```

```
                                 //CC2530 中断向量表
__interrupt void T1_ISR(void)
{
  EA=0;                          // 功能处理开始

  /* 计数单元 counter++ 判断是否超 30，如果是置位时间到标志变量 flag 为 1，并将
counter 复位为 0 重新开始计数；如果不是，则继续往下执行 */
counter++;
  if(counter>=30)
  {
    counter=0;
    flag=1;
  }
  T1IF=0;                        // 清中断溢出标志位 T1IF
                                 // 功能处理结束
  EA=1;
}
```

（3）主程序 main 和中断服务程序通过全局变量 flag 交流状态。

提示：flag 标志判断过以后，如果下面程序不再有用，一定记得立即将 flag 清零清除标志，否则就会反复判断执行该状态的程序。

```
void main(void)
{
  initIO();                      // 调用初始化 IO 函数
  initT();                       // 调用初始化定时器 T1 自由运行模式
  while(1)
  {
    if(flag==1)
    {
      flag=0;                    // 清零标志
      LED1=!LED1;                // LED1 闪烁
      LED2=!LED2;                // LED2 闪烁
      LED3=!LED3;                // LED3 闪烁
      LED4=!LED4;                // LED4 闪烁
    }
  }
}
```

（4）在中断中使用的计数变量 counter 是需要进入中断时计数，退出中断时保存数据，所以一定要使用全局变量（局部变量退出后不能保存原来数据）。所以，这里需要两个全局变量，初值均为 0。全局变量的申请位置一定要在引用程序之前。

```
指令为：unsigned int counter=0;   // 统计溢出次数
        unsigned int flag=0;      // 计数到标志
```

（5）请读者自行完成实验 6，修改为中断方式的完成程序设计。

4.4.2 定时器 T3、T4 中断设计

定时器 T3、T4 的控制功能是一样的，下面以定时器 T3 为主进行介绍。

定时器 T3 和定时器 T4 的所有定时器功能都是基于 8 位计数器建立的，所以定时器 T3

和定时器 T4 最大计数值要远远小于定时器 T1，常用于较短时间间隔的定时。定时器 T3 和定时器 T4 各有 0、1 两个通道，功能较定时器 T1 要弱。计数器在每个时钟边沿递增或递减。活动时钟边沿的周期由寄存器 CLKCONCMD 定义为 32 MHz 或 16 MHz，由 TxCTL. DIV[2:0]（其中 x 指的是定时器号码，3 或 4）设置的分频器值选择时钟分频，参见附录中表 D-11。定时器 T3、T4 也可以选择 3 种运行模式：自由运行模式、模模式、正计数 / 倒计数模式。

1．自由运行模式

在自由运行模式下，计数器从 0x00 开始，每个活动时钟边沿递增。当计数器计数值达到 0xFF，计数器载入 0x00，并继续递增。当达到最终计数值 0xFF（如发生一个溢出），就设置中断标志 TIMIE.TxOVFIF。如果设置了相应的中断屏蔽位 TxCTL.OVFIM，就产生一个中断请求。自由运行模式也可以用于产生独立的时间间隔和输出信号频率。

2．模模式

当定时器运行在模模式，8 位计数器 0x00 启动，每个活动时钟边沿递增。当计数器达到寄存器 TxCC0(x 为 3 或 4) 所含的最终计数值时，计数器复位到 0x00，并重新计数。当发生这个事件时，设置中断标志 TIMIF.TxOVFIF(x 为 3 或 4)。如果设置了相应的中断屏蔽位 TxCTL.OVFIM(x 为 3 或 4)，就产生一个中断请求。模模式可以用于周期不是 0xFF 的应用程序。

3．正计数 / 倒计数模式

（1）在倒计数模式，定时启动之后，计数器载入 TxCC0 的内容；然后计数器倒计时，直到 0x00。

（2）在正计数模式，定时启动之后，计数器载入 TxCC0 的内容；然后计数器从 0x00 开始计数，直到达到 TxCC0 所含的值然后计数器复位为 0x00。

（3）在正计数 / 倒计数模式下，计数器反复从 0x00 开始正计数，直到达到 TxCC0 所含的值然后计数器倒计数，直到达到 0x00，如此往复。这个模式用于需要对称输出脉冲，且周期不是 0xFF 的应用程序。因此它允许中心对齐的 PWM 输出应用程序的实现。

上述 3 种计数一次结束，系统自动设置中断标志 TIMIF.TxOVFIF，如果设置了相应的中断屏蔽位 TxCTL.OVFIM，就产生一个中断请求，为这两个定时器各分配一个中断向量。当以下定时器事件之一发生时，将产生一个中断。

（1）计数器达到最终计数值。

（2）比较事件。

（3）捕获事件。

寄存器 TIMIF 包含定时器 T3、T4 的所有中断标志。寄存器位仅当设置了相应的中断屏蔽位时，才会产生一个中断请求。如果有其他未决的中断，必须通过 CPU，在一个新的中断请求产生之前，清除相应的中断标志。

实验 7　定时器 T3 应用——自由运行模式（定时器中断）

实验目的

熟悉 CC2530 芯片定时器 T3 计数的自由运行模式下的中断配置与使用方法。

实验内容

在 IAR 集成开发环境中配置好应用开发环境，编写 IAR 程序。实现控制为：用定时器 T3 来定时改变 LED 的状态，配置 T3 每溢出 30 次，大约 0.5 s，LED 亮灭变化一次。

实验原理

配置定时器 T3 使用自由运行模式，将计数溢出次数为 30 次时的时间间隔作为 LED 变化状态的时间间隔，不再使用延时程序。

1．时间间隔计算方法

（1）系统时钟源选择 32 MHz。

（2）选择 8 分频模式，分频配置以后就是 32/8 MHz，时间是频率的倒数，那么计数一次的时间是 t=1/(32/8 × 1 000 000)s。

（3）T3 寄存器为 8 位计数器，计数 0x00~0xFF，对应十进制数是 0~255，总数为 256 次，和 T1 相比，T1 计数次数是 T3 的 256 倍；

（4）(0.5/t) 得到的次数大于 256，也就是说一次计数不够，所以需要多次计数才能达到 0.5 s 的时间间隔。这个次数为（0.5/t）/256，约等于 30 × 256 次。

2．配置定时器控制寄存器 T3CTL

参见附录中表 D-11 T3CTL。选择 8 分频，d7：d5 为 011；d4=1 为正常运行；d3=1 开溢出中断；d2=1 置 1 时定时器复位；d1d0 为 00 选择自由运行模式。

```
指令为：T3CTL=0x7C;        //01111100b  T3 通道 0，8 分频，自动运行模式
```

3．判断定时器 T3 的溢出中断标志位 T3IF

（1）当计数器计数达到 0xFF 时，计数器发生溢出，置位中断标志 4 寄存器 IRCON 的 d3 位（标志位名称为 T3IF，可以位操作）为 1。

```
判断的条件算式为：IRCON & 0x08==0x08
                           //寄存器操作指令：判断 T3 溢出中断标志 d3 是否为 1
或者：T3IF==1              //位操作指令：判断 T3 溢出中断标志是否为 1
```

（2）判断溢出后记录溢出次数（申请一个变量保存累加次数），然后复位置零标志位 T3IF，等待下一次溢出再置位。

```
指令为：IRCON &=~0x08;     //寄存器操作指令：置零 T3 溢出中断标志位
或者：T3IF=0;              //位操作指令：置零 T3 溢出中断标志位
```

实验步骤

（1）建立一个新项目。

（2）参照实验 6 操作步骤，建立新的工作空间“Test07”，建立新的工程“Project_Timer2”，添加 C 文件 Timer2.c 到工程中，完成环境配置。

（3）在 Timer2.c 文件中添加代码（见“相关代码”的内容）。

相关代码

```
/*******************************************************************
```

```
文件名称：Timer2.c
功    能：CC2530 系列片上系统基础实验——定时器 T3 的使用
描    述：用定时器 T3 来改变 LED 的状态，T3 每溢出 30×256 次，LED 状态改变一次
硬件连接：同前实验
***********************************************************************/
#include "ioCC2530.h"       // CC2530 的头文件
/**********************************************************************/
//定义 LED 端口：P1.0、P 1.1、P 1.3、P 1.4      定义按键接口：P1.2
#define LED1   P1_0         // P1_0 定义为 P1.0
#define LED2   P1_1         // P1_1 定义为 P1.1
#define LED3   P1_3         // P1_3 定义为 P1.3
#define LED4   P1_4         // P1_4 定义为 P1.4
#define SW1    P1_2         // P1_2 定义为 P1.2
unsigned int counter1=0;  // 统计 T3 溢出次数，初始化为 0
unsigned int flag1=0;     // 计数到标志，初始化为 0
/**********************************************************************
函数名称：initIO
功    能：初始化系统 IO
入口参数：无
出口参数：无
返 回 值：无
***********************************************************************/
void initIO(void)
{
  P1SEL &=~0x1F;           //设置 LED1~LED4、SW1 为普通 I/O 口
  P1DIR |=0x1B ;           //设置 LED1~LED4 为输出
  P1DIR &=~0x04;           //SW1 按键在 P1.2，设定为输入
  LED1=0;                  //LED1~LED4 赋值 0，输出低电平到对应引脚，灭 LED
  LED2=0;
  LED3=0;
  LED4=0;
}
/**********************************************************************
函数名称：initT
功    能：初始化系统定时器 T3 控制状态寄存器
入口参数：无
出口参数：无
返 回 值：无
***********************************************************************/
void initT(void)
{
  CLKCONCMD &=0x80;        //时钟速度设置为 32 MHz
  T3CTL=0x7C;              // T3 通道 0，8 分频，自动运行模式
  T3IE=1;                  //定时器 3 使能
  EA=1;                    //开总中断
}
/**********************************************************************
函数名称：T3_ISR
功    能：定时器 T3 中断服务程序
```

```
入口参数：无
出口参数：无
返 回 值：无
************************************************************/
#pragma vector=T3_VECTOR              // 中断服务子程序
__interrupt void T3_ISR(void)         //T3 的中断地址是 T3，参见表 3-1
{
  counter1++;
  if(counter1>=7680)  //30*256=7 680
  {
    counter1=0;
    flag1=1;
  }
  T3IF=0;// 清 T3 中断溢出标志为 0
}
/************************************************************
函数名称：main
功    能：main 函数入口
入口参数：无
出口参数：无
返 回 值：无
************************************************************/
void main(void)
{
  initIO();       // 调用初始化 IO 函数
  initT();        // 调用初始化定时器 T3 自由运行模式
  while(1)
  {
    if(flag1==1)
   {
      flag1=0;
      LED3=!LED3;
      LED4=!LED4;
    }
  }
}
```

拓展练习

设计定时器 T1 和定时器 T3 同时控制 LED1 和 LED2 以不同的频率闪烁。

提示：T 系列寄存器控制与溢出标志位参见附录中表 D-1~ 表 D-17。

思考题

T1 和 T3 的控制对 LED 的控制是并列关系还是嵌套关系？在前述拓展练习的基础上，再加 T4 控制 LED3 以不同的频率闪烁该如何实现？

实验 8 定时器 T1 应用——模模式

实验目的

熟悉 CC2530 芯片定时器 T1 计数的模模式下的中断配置与使用方法。

实验内容

在 IAR 集成开发环境中配置好应用开发环境，编写 IAR 程序。实现控制为：用定时器 T1 改变 LED 的状态，配置 T1 定时 0.5 s，LED 亮灭变化一次。

实验原理

配置定时器 T1 使用模模式，当计数 0.5 s 时间间隔，作为 LED 变化状态的时间间隔。

1．时间间隔计算方法

（1）配置：系统时钟源选择 16 MHz；T1 通道 0，128 分频，模模式。

（2）16MHz，128 分频，则定时器 T1 的频率为 125 kHz，比较寄存器 T1CC0 写入模的值（周期 0.5 s）为：62 500。请读者计算一下 62 500 的来由。

写入比较寄存器比较值的指令为：
```
T1CC0L=62500 & 0xFF; // 写低位到寄存器
T1CC0H=((62500 & 0xFF00)>>8); // 写高位
```

2．配置定时器控制寄存器 T1CTL

参见附录中表 D-3：选择 128 分频，d3d2 为 11；选择模模式，d1d0 为 10。

指令为：
```
T1CTL=0x0e;   //00001110b
```

3．配置定时器 T1 捕获通道 0

定时器 T1 使用模模式还需要配置捕获控制寄存器 T1CCTL0 的通道 0，参见附录中表 D-7。配置 T1CCTL0 寄存器 d2 位为比较模式。

提示：T1CCTL0 寄存器的 d6 位，默认值为 1，开中断状态，所以如果不想改变原有默认状态，应该使用或等于“|=”，而不能使用“=”。

指令为：
```
T1CCTL0 |=0x04;    // 配置 d2=1，且其他位不变
```

4．不产生定时器 T1 的溢出中断，置零寄存器 TIMIF 的 d6 位

定时器 T1 的通道 0 的溢出中断使能 T1CCTL0.IM 默认使能。现在使用比较中断，应该将此位置零。但是使用比较模模式中断方式，通常不会达到溢出状态，所以也可以省略，参见附录中表 D-16。

指令为：
```
TIMIF &=~0x40;    //01000000b
```

5．定时器 T1 的模模式比较实现过程

当计数器计数达到 T1CC0 预置值 62 500 时，计数器发生溢出，置位中断标志 4 寄存器 IRCON 的 d1 位 T1IF 为 1，同时触发定时器 T1 中断服务程序执行（中断服务程序编写参见 4.4.1）；在中断服务程序中完成相关功能后然后复位置零标志位 T1IF，等待下一次计数到，中断发生。

实验步骤

（1）建立一个新项目。

（2）参照实验 6 操作步骤，建立新的工作空间“Test08”，建立新的工程“Project_Timer3”，添加 C 文件 Timer3.c 到工程中，完成环境配置。

（3）在 Timer3.c 文件中添加代码（见“相关代码”中的内容）。

相关代码

```
/****************************************************************
文件名称：Timer3.c
功    能：CC2530 系列片上系统基础实验——定时器 T1 的使用
描    述：用定时器 T1 来改变 LED 的状态，T1 定时 0.5 s，LED 状态改变一次
硬件连接：同前实验
****************************************************************/
#include "ioCC2530.h"        // CC2530 的头文件
/****************************************************************/
//定义 LED 端口：P1.0、P1.1、P1.3、P1.4     定义按键接口：P1.2
#define LED1   P1_0          // P1_0 定义为 P1.0
#define LED2   P1_1          // P1_1 定义为 P1.1
#define LED3   P1_3          // P1_3 定义为 P1.3
#define LED4   P1_4          // P1_4 定义为 P1.4
#define SW1    P1_2          // P1_2 定义为 P1.2
unsigned int counter=0;      //统计溢出次数，初始化为 0
unsigned int flag=0;         //计数到标志，初始化为 0
/****************************************************************
函数名称：initIO
功    能：初始化系统 IO
入口参数：无
出口参数：无
返 回 值：无
****************************************************************/
void initIO(void)
{
    P1SEL &=~0x1F;           //设置 LED1~LED4、SW1 为普通 I/O 口
    P1DIR |=0x1B ;           //设置 LED1~LED4 为输出
    P1DIR &=~0x04;           //SW1 按键在 P1.2，设定为输入
    LED1=0;                  //LED1~LED4 赋值 0，输出低电平到对应引脚，灭 LED
    LED2=0;
    LED3=0;
    LED4=0;
}
/****************************************************************
函数名称：initT
功    能：初始化系统定时器 T1 控制状态寄存器
入口参数：无
出口参数：无
```

```
返 回 值：无
*****************************************************************/
void initT(void)
{
    //时钟速度设置为16 MHz
    CLKCONCMD &=0x80;               //10000000 b
    CLKCONCMD |=0x49;               //01001001 b
    T1CTL=0x0e;                     //T1通道0，128分频，模模式
    T1CCTL0 |=0x04;                 //0通道比较模式
    T1CC0L=62500 & 0xFF;
    T1CC0H=(62500 & 0xFF00)>>8;
    T1IE=1;                         //定时器1使能
    //TIMIF &=0x40;                 //禁通道0溢出中断，可以省略
    EA=1;                           //开总中断
}
/*****************************************************************
函数名称：T1_ISR
功    能：定时器T1中断服务程序
入口参数：无
出口参数：无
返 回 值：无
*****************************************************************/
#pragma vector=T1_VECTOR            //中断服务子程序
__interrupt void T1_ISR(void)       //T1的中断地址是T1，参见表3-1
{
  counter++;
  if(counter>=1)
  {
    counter=0;
    flag=1;
  }
  T1IF=0;                           //清零T1中断溢出标志
}
/*****************************************************************
函数名称：main
功    能：main函数入口
入口参数：无
出口参数：无
返 回 值：无
*****************************************************************/
void main(void)
{
  initIO();                         //调用初始化IO函数
  initT();                          //调用初始化定时器T1模模式
  while(1)
  {
    if(flag==1)
```

```
    {
        flag=0;
        LED1=!LED1;
        LED2=!LED2;
        LED3=!LED3;
        LED4=!LED4;
      }
    }
  }
```

扫码看解题

拓展练习

参考附录中表 D-11~ 表 D-16，修改程序实现：T3、T4 模模式定时的方式实现实验 8 的功能。

思考题

复习 C 语言中数据类型的转换，理解 T1CC0L = 62500 & 0xFF 和 T1CC0H = (62500 & 0xFF00)>>8 的含义。如果需要逆操作，如何实现？

实验 9 定时器 T1 应用——正计数/倒计数模式

实验目的

熟悉 CC2530 芯片定时器 T1 计数的正计数 / 倒计数下的中断配置与使用方法。

实验内容

在 IAR 集成开发环境中配置好应用开发环境。编写 IAR 程序，实现控制为：用定时器 T1 改变 LED 的状态，配置 T1 定时 0.5 s，LED 亮灭变化一次。

实验原理

配置定时器 T1 使用正计数/倒计数，当计数 0.5 s 时间间隔，作为 LED 变化状态的时间间隔。

1．时间间隔计算方法

（1）配置：系统时钟源选择 32 MHz；T1 通道 0，128 分频，正计数 / 倒计数模式。

（2）根据正计数 / 倒计数计数的原理，正计数 0.25 s，倒计数 0.25 s，合起来是 0.5 s。如果保持比较值 62 500 不变，需要改用 32 MHz 时钟源。

```
写入比较寄存器比较值的指令为：T1CC0L=62500 & 0xFF;     //写低位到寄存器
T1CC0H=((62500 & 0xFF00)>>8);                          //写高位
```

2．配置定时器控制寄存器 T1CTL

参见附录中表 D-3：选择 128 分频，d3d2 为 11；选择模模式，d1d0 为 11。

指令为：T1CTL=0x0f;　　　　　　　　　　　　　　　　　　//00001111b

3. 定时器 T1 的模模式比较实现过程

当计数器计数 (+1) 达到 T1CC0 预置值 62 500 时，计数器倒计数 (-1) 到 0，这时计数器发生溢出，置位中断标志 4 寄存器 IRCON 的 d1 位 T1IF 为 1，同时触发 T1 定时器中断程序执行（中断服务程序编写参见 4.4.1）；在中断程序中完成相关功能后然后复位置零标志位 T1IF，等待下一次计数到中断发生。

实验步骤

(1) 建立一个新项目。

(2) 参照实验 6 操作步骤，建立新的工作空间“Test09”，建立新的工程“Project_Timer4”，添加 C 文件 Timer4.c 到工程中，完成环境配置。

(3) 在 Timer4.c 文件中添加代码（见“相关代码”中的内容）。

相关代码

```
/**************************************************************
文件名称：Timer4.c
功　　能：CC2530 系列片上系统基础实验——定时器 T1 的使用
描　　述：用定时器 T1 来改变 LED 的状态，T1 定时 0.5 s，LED 状态改变一次
硬件连接：同前实验
**************************************************************/
#include "ioCC2530.h"         // CC2530 的头文件
/**************************************************************/
//定义 LED 端口：P1.0、P 1.1、P 1.3、P 1.4　　定义按键接口：P1.2
#define LED1  P1_0            // P1_0 定义为 P1.0
#define LED2  P1_1            // P1_1 定义为 P1.1
#define LED3  P1_3            // P1_3 定义为 P1.3
#define LED4  P1_4            // P1_4 定义为 P1.4
#define SW1   P1_2            // P1_2 定义为 P1.2
unsigned int counter=0;       //统计溢出次数，初始化为 0
unsigned int flag=0;          //计数到标志，初始化为 0
/**************************************************************
函数名称：initIO
功　　能：初始化系统 IO
入口参数：无
出口参数：无
返 回 值：无
**************************************************************/
void initIO(void)
{
  P1SEL &=~0x1F;               //设置 LED1~LED4、SW1 为普通 I/O 口
  P1DIR |=0x1B ;               //设置 LED1~LED4 为输出
  P1DIR &=~0x04;               //SW1 按键在 P1.2，设定为输入
  LED1=0;                      //LED1~LED4 赋值 0，输出低电平到对应引脚，灭 LED
  LED2=0;
```

```
  LED3=0;
  LED4=0;
}
/**************************************************************
函数名称：initT
功    能：初始化系统定时器 T1 控制状态寄存器
入口参数：无
出口参数：无
返 回 值：无
**************************************************************/
void initT(void)
{
    CLKCONCMD &=0x80;                //时钟速度设置为 32 MHz
    T1CTL=0x0f;                      //T1 通道 0，128 分频；正计数/倒计数模式
    T1CC0L=62500&0xFF;
    T1CC0H=(62500&0xFF00)>>8;
    T1IE=1;                          //定时器 1 使能
    EA=1;                            //开总中断
}
/**************************************************************
函数名称：T1_ISR
功    能：定时器 T1 中断服务程序
入口参数：无
出口参数：无
返 回 值：无
**************************************************************/
#pragma vector=T1_VECTOR             //中断服务子程序
__interrupt void T1_ISR(void)        //T1 的中断地址是 T1，参见表 3-1
{
  counter++;
  if(counter>=1)
  {
    counter=0;
    flag=1;
  }
  T1IF=0;                            //清零 T1 中断溢出标志
}
/**************************************************************
函数名称：main
功    能：main 函数入口
入口参数：无
出口参数：无
返 回 值：无
**************************************************************/
void main(void)
{
  initIO();                          //调用初始化 IO 函数
  initT();                           //调用初始化定时器 T1 正计数/倒计数模式
```

```
while(1)
  {
    if(flag==1)
    {
      flag=0;
      LED1=!LED1;
      LED2=!LED2;
      LED3=!LED3;
      LED4=!LED4;
    }
  }
}
```

拓展练习

参考附录中表 D-11~ 表 D-16，修改程序实现：T3、T4 正计数 / 倒计数定时的方式实现实验 9 的功能。

思考题

（1）如果采用同样的时钟源频率，模模式和正计数 / 倒计数模式的定时时间间隔是什么关系？

（2）为什么同样采用 62 500 的比较值，模模式用 16 MHz，正计数 / 倒计数用 32 MHz？观察 LED 闪烁的频率，说明原因。

实验 10 外中断与定时中断组合应用

实验目的

熟悉 CC2530 芯片外部中断与内部中断的组合应用。

实验内容

编写 IAR 程序，实现使用定时器 T1 的中断控制 LED 闪烁（每秒一次亮灭），外部 IO（P1.2）中断控制定时器的定时启停。

具体控制为：初始 LED4 亮，表示定时器秒表处于开始计时状态；点按 SW1 键，则计时开始，LED4 灭，T1 开始计时（LED2 开始闪烁），秒表处于运行状态；再次点按 SW1 键，T1 停止计时（LED2 不闪），秒表处于停止状态；再次点按 SW1 键，LED4 亮，秒表还回到开始状态。

实验原理

本实验功能类同于秒表，故需要配置定时器 T1 为 0.5 s 时间间隔精确定时，1 s 完成一次亮灭。自由运行模式不能实现精确定时，所以本实验必须选择模模式或者正计数/倒计数模式。本实验有 2 个中断：

外部中断，按键 SW1，实验 4 部分；定时器 T1 计数 0.5 s 中断，选择实验 8 或实验 9。

（1）本实验参考代码选用 T1 正计数/倒计数模式定时。相关配置说明参见实验 9。

（2）外部中断初始化配置 P1 的沿、位、口。相关配置说明参见实验 4。

（3）外部中断服务程序框架参见实验 4。

（4）功能实现部分。申请枚举变量，初始化三组值，分别表示：开始状态、运行状态、停止状态，初始值为开始状态。

```
指令为：enum STATE{START_STATE,RUN_STATE,STOP_STATE};// 定义秒表的状态
        enum STATE state=START_STATE;   // 初始化应用状态为开始
```

（5）功能流程：

①当按键按下，进入外部中断程序，若当前状态为开始状态，则进入运行状态，更新应用状态标志变量为 RUN，清零初始化 LED4，使能定时器 T1 的中断使能标志位；定时中断服务程序中，定时闪烁 LED2。

②当按键按下，进入外部中断程序，若当前状态为运行状态，则进入停止状态，更新应用状态标志变量为 START，清零 LED2，不使能定时器 T1 的中断使能标志位。

③当按键按下，进入外部中断程序，若当前状态为停止状态，则进入开始状态，更新应用状态标志变量为 START，置位 LED4 为 1。

实验功能流程图如图 4-5 所示。

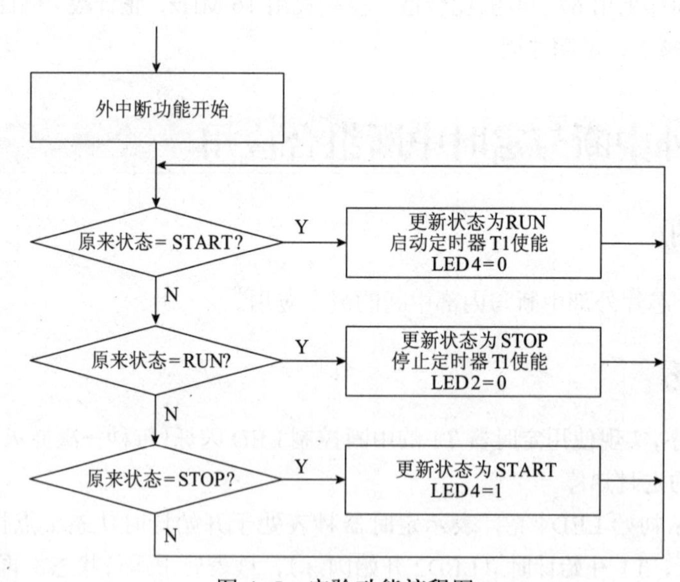

图 4-5　实验功能流程图

实验步骤

（1）建立一个新项目。

（2）参照实验 6 操作步骤，建立新的工作空间“Test10”，建立新的工程“Project_Timer5”，添加 C 文件 Timer5.c 到工程中，完成环境配置。

(3) 在 Timer5.c 文件中添加代码（见“相关代码”的内容）。

相关代码

```
/*************************************************************
文件名称：Timer5.c
功    能：CC2530 系列片上系统基础实验——定时器 T1 的使用
描    述：用定时器 T1 来改变小灯的状态，T1 定时 0.5 s，LED 状态改变一次
硬件连接：同前实验
***********************************************************/
#include "ioCC2530.h"     // CC2530 的头文件
/***********************************************************/
//定义 LED 端口：P1.0、P1.1、P1.3、P1.4      定义按键接口：P1.2
#define LED1  P1_0            // P1_0 定义为 P1.0
#define LED2  P1_1            // P1_1 定义为 P1.1
#define LED3  P1_3            // P1_3 定义为 P1.3
#define LED4  P1_4            // P1_4 定义为 P1.4
#define SW1   P1_2            // P1_2 定义为 P1.2
unsigned int counter=0;  //统计溢出次数，初始化为 0
unsigned int flag=0;      //计数到标志，初始化为 0
/* 定义枚举类型 */
enum STATE{START_STATE,RUN_STATE,STOP_STATE};  // 定义秒表的状态
enum STATE state=START_STATE;  // 初始化应用状态为开始
/************************************************************
函数名称：delay
功    能：软件延时
入口参数：无
出口参数：无
返 回 值：无
***********************************************************/
void delay(unsigned int time)
{
unsigned int i;
  unsigned char j;
  for(i=0; i<time; i++)
  {
    for(j=0; j<240; j++)
    {
          asm("NOP"); //asm 是内嵌汇编，NOP 是空操作，执行一个指令周期
          asm("NOP");
          asm("NOP");
    }
   }
}
/************************************************************
函数名称：initIO
功    能：初始化系统 IO
入口参数：无
```

```
出口参数：无
返 回 值：无
**************************************************************/
void initIO(void)
{
    P1SEL &=~0x1F;     //设置 LED1~LED4、SW1 为普通 I/O 口
    P1DIR |=0x1B;      //设置 LED1~LED4 为输出
    P1DIR &=~0x04;     //SW1 按键在 P1.2，设定为输入
    LED1=0;      //LED1~LED4 赋值 0，输出低电平到对应引脚，灭 LED
    LED2=0;
    LED3=0;
    LED4=1;

    PICTL &=~0x02;     //配置 P1 口的中断边沿为上升沿产生中断
    P1IEN |=0x04;      //使能 P1.2 中断
    IEN2 |=0x10;       //使能 P1 口中断
}
/**************************************************************
函数名称：initT
功    能：初始化系统定时器 T1 控制状态寄存器
入口参数：无
出口参数：无
返 回 值：无
**************************************************************/
void initT(void)
{
* 配置定时器 T1 的 16 位计数器的计数频率。
```

由于采用正计数 / 倒计数模式，希望一个正计数 / 倒计数过程（从 0x0000~T1CC0，再从 T1CC0~0x0000）的时长为 0.5 s，那么正计数时长和倒计数时长都应为 0.25 s，通过计算可知，有多种设置可以满足，以下为本实验采用的设置：

选择 32MHz 时钟源，128 分频方式，正计数 / 倒计数定时器模式。一个计数时长 32MHz /128=250 kHz。此时 T1 定时器的 16 位计数器选择计数上限为 62500 次时每次计数从 0 到 62500 计时 0.25s，正计数 / 倒计数 2 次则中断一次的时间间隔为 0.5s。*/

```
  CLKCONCMD &=0x80;                    //时钟速度设置为 32 MHz
  T1CC0L=62500 & 0xFF;                 //把 62500 的低 8 位写入 T1CC0L
  T1CC0H=((62500 & 0xFF00)>>8);        //把 62500 的高 8 位写入 T1CC0H
  T1CTL=0x0F;                          //配置 128 分频，正计数 / 倒计数模式
  EA=1;                                //开总中断
}
/**************************************************************
函数名称：P1INT_ISR
功    能：外部中断服务函数
入口参数：无
出口参数：无
返 回 值：无
**************************************************************/
#pragma vector=P1INT_VECTOR
__interrupt void  P1INT_ISR(void)
```

```
{
  EA=0;  //关闭全局中断
  /* 若是P1.2产生的中断 */
  if(P1IFG & 0x04)
  {
    /* 等待用户释放按键，并消抖 */
    while(SW1==0);                  //低电平有效
    delay(10);
    while(SW1==0);
    /* 若当前状态为开始状态，则进入运行状态 */
    if(state==START_STATE)
    {
      state=RUN_STATE;              //更新应用状态标志变量
      LED4=0;                       //进入运行状态
      T1IE=1;                       //定时器T1中断使能
    }
    /* 若当前状态为运行状态，则进入停止状态 */
    else if(state==RUN_STATE)
    {
      state=STOP_STATE;             //更新应用状态标志变量
      LED2=0;
      T1IE=0;                       //禁止定时器T1的中断
    }
    /* 若当前状态为停止状态，则进入开始状态 */
    else if(state==STOP_STATE)
    {
      state=START_STATE;            //更新应用状态标志变量
      LED4=1;                       //进入开始状态
    }
    /* 清除中断标志 */
    P1IFG &=~0x04;                  //清除P1.2中断标志
    //P1IF &=~0x08;                 //清除P1口中断标志
  }
  EA=1;                             //使能全局中断
}
/**********************************************************
函数名称：T1_ISR
功    能：定时器T1中断服务程序
入口参数：无
出口参数：无
返 回 值：无
**********************************************************/
#pragma vector=T1_VECTOR            //中断服务子程序
__interrupt void T1_ISR(void)       //T1的中断地址是T1，参见表3-1
{
  EA=0;                             //关闭全局中断
  counter++;
  if(counter>=1)                    //1次计数0.5s，亮灭一次即1s
```

```
    {
      counter=0;
      flag=1;
    }
    T1IF=0;              //清零T1中断溢出标志
    EA=1;                //打开全局中断
}
/*************************************************************
函数名称:main
功    能:main函数入口
入口参数:无
出口参数:无
返 回 值:无
*************************************************************/
void main(void)
{
    initIO();            //调用初始化IO函数
    initT();             //调用初始化定时器T1模模式
    while(1)
    {
      if(flag==1)
      {
        flag=0;
        LED2=!LED2;
      }
    }
}
```

拓展练习

(1) 改写程序，按键控制正计数/倒计数模式定时器T1的0.5 s跑马灯。

(2) 按一次SW1键，开始；再按一次SW1键，停止。

思考题

如果指定定时器选择模式，精确定时使用模模式或正计数/倒计数模式，哪个更为简单实用?

4.5 定时器备用通道

T1有5个独立的捕获/比较通道。每个通道定时器使用一个I/O引脚。将表4-1的T定时器部分剪切如表4-2所示。通道分为位置1和备用位置2。备用位置2的通道1和通道2分别接在P1.1和P1.0引脚上。

表 4–2　T 定时器外设接线图

位置 1　备用位置 2　通道 1　通道 2

外设 / 功能	P0								P1								P2				
	7	6	5	4	3	2	1	0	7	6	5	4	3	2	1	0	4	3	2	1	0
TIMER1		4	3	2	1	0															
Alt.2	3	4												0	1	2					
TIMER3												1	0								
Alt.2									1	0											
TIMER4															1	0					
Alt.2																		1			0

当前使用实验板的 P1.1 接 LED2，P1.0 接 LED1，可以通过 LED1、LED2 的亮灭观察通道值的变化，位置 1 的 5 个通道和备用位置 2 的其他通道没有连接可观察的外设，暂时无法查看功能应用情况。

当一个信道被配置为输出比较信道时，该信道相应的 I/O 引脚必须被配置为输出。在计时器 T1 被启动后，计数器的内容将与该信道相应的比较缓存器 T1CCnH:T1CCnL 的内容相比较。如果比较缓存器的内容等于计数器的内容，输出引脚将根据 T1CCTLn.CMP 位域的设置进行相应置零或切换。写入比较缓存器 T1CCnL 将被缓冲，这样写入 T1CCnL 的值不起作用，直到相应的高位缓存器 T1CCnH 被写入。当定时器的计数值没回到 0x00，写入比较缓存器 TCCnH:T1CCnL 的比较值不起作用。当 T1CCTLn.IM=1，IEN1.TIEN=1 且 IEN0.EA=1 则当输出比较发生时产生中断请求，IRCON.T1IF 和 T1STAT.CHnIF(n 为通道号) 被 CPU 置 1。

实验 11　定时器应用——备用通道 2

实验目的

熟悉 CC2530 芯片定时器 T1 的输出比较的备用通道应用配置与使用方法。

实验内容

编写 IAR 程序，使用定时器 T1 的输出比较功能，控制 LED3(绿色)。每 0.5 s 切换一次 LED3 的亮灭状态。当发生匹配时，P1.0(即定时器 1 的通道 2) 的输出发生切换，以控制 LED3 的亮 / 灭。同时，在发生匹配时产生中断，在中断服务程序中切换 LED1 的亮灭。

实验原理

配置备用通道 2 的通道 2 中断发生计数匹配时，置位 1/0，LED1 接在 P1.0 引脚上，备用通道 2 的通道 2 发生 1/0 切换导致 LED1 的亮 / 灭切换。仅在 T1 中断服务程序中设计 LED3 亮灭切换。通过实验可以观察到 LED1 和 LED3 都发生亮灭切换，如图 4–6 所示。可以发现 LED3 翻转 1 次，LED1 翻转 2 次。

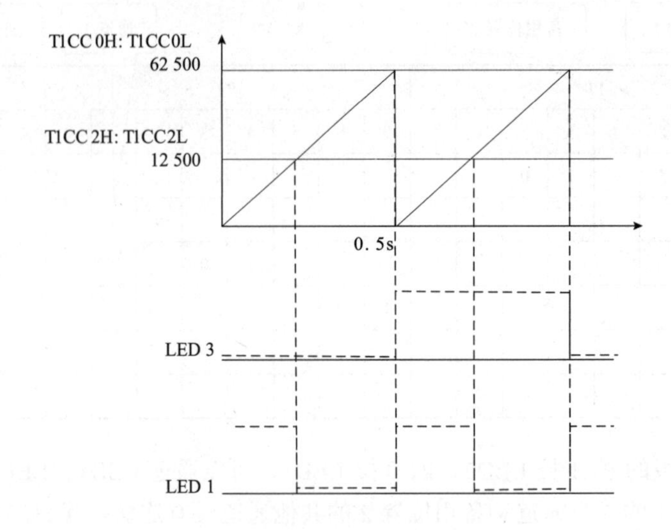

图 4-6　备用通道 2 比较模式控制示意图

实现本实验需要进行 T 定时器对应的初始化配置如下：

（1）初始化配置 T1 的外设 I/O 使用位置 2，参见附录中表 A-11。

```
指令为：PERCFG |=0x40;          //01000000b，使用备用位置 2 的通道 2
```

（2）配置 P1.0 为定时器 T1 的片内外设 I/O。

```
指令为：P1SEL |=0x01;           // 参见附录中表 A-5
```

（3）设置 P1.0 为输出：

```
指令为：P1SEL |=0x01;           // 参见附录中表 A-4
```

（4）配置定时器 T1 捕获控制寄存器 T1CCTL2，配置发生匹配时通道 2 的输出电平 1/0 切换。假如发生 T1CC2 匹配时通道 2 的输出电平为 0，则 =T1CC0 时置 1。参数设置参见附录中表 D-18。

```
指令为：T1CCTL2|=((0x06<<3)|(0x01<<2));     //01110100b
```

（5）配置比较值：

① 给 T1CC2 写入模的值（周期 0.5 s）。

```
指令为：T1CC0L=62500 & 0xFF;                    // 低 8 位写入 T1CC0L
       T1CC0H=((62500&0xFF00)>>8);             // 高 8 位写入 T1CC0H
```

② 给 T1CC2 写入比较值（匹配值）12 500。

```
指令为：T1CC2L=12500&0xFF;
       T1CC2H=((12500&0xFF00)>>8);             // 占空比
```

（6）配置 128 分频，模工作模式，并开始启动中断使能。

```
T1CTL=0x0e;
TIMIF &=~0x40;              // 不产生定时器 T1 的溢出中断
T1IE=1;                     // 使能定时器 T1 的中断或 IEN1 |=0x02
```

实验步骤

（1）建立一个新项目。

（2）建立新的工作空间“Test11”，建立新的工程“Project_Timer6”，添加 C 文件 Timer6.c 到工程中，完成环境配置。

（3）在 Timer6.c 文件中添加代码（见“相关代码”的内容）。

相关代码

```
/*************************************************************
文件名称：Timer6.c
功    能：CC2530 系列片上系统基础实验——定时器 T1 的使用
描    述：使用定时器 T1 的输出比较功能,控制 LED1(P1.0)。每 0.5 s 切换一次 LED3(绿色)
        的亮灭状态。当发生匹配时，P1.0(即定时器 T1 的通道 2)的输出发生切换，这样
        就控制了 LED1(P1.0)的亮灭。同时，在发生匹配时，还将产生中断，在中断服务程
        序中切换 LED3(P1.3)的亮灭。
硬件连接：同前实验
*************************************************************/
#include "ioCC2530.h"          //CC2530 的头文件
/*************************************************************/
//定义 LED 端口：P1.0、P 1.1、P 1.3、P 1.4    定义按键接口：P1.2
#define LED1   P1_0            // P1_0 定义为 P1.0
#define LED2   P1_1            // P1_1 定义为 P1.1
#define LED3   P1_3            // P1_3 定义为 P1.3
#define LED4   P1_4            // P1_4 定义为 P1.4
#define SW1    P1_2            // P1_2 定义为 P1.2
unsigned int counter=0;        //统计溢出次数，初始化为 0
unsigned int flag=0;           //计数到标志，初始化为 0
/*************************************************************
函数名称：initIO
功    能：初始化系统 IO
入口参数：无
出口参数：无
返 回 值：无
*************************************************************/
void initIO(void)
{
  P1SEL &=~0x1F;               //设置 LED1~LED4、SW1 为普通 I/O 口
  P1DIR |=0x1B ;               //设置 LED1~LED4 为输出
  P1DIR &=~0x04;               //SW1 按键在 P1.2，设定为输入
  LED1=0;                      //LED1~LED4 赋值 0，输出低电平到对应引脚，灭 LED
  LED2=0;
  LED3=0;
  LED4=0;
}
/*************************************************************
函数名称：initT
功    能：初始化系统定时器 T1 控制状态寄存器
入口参数：无
出口参数：无
返 回 值：无
```

```
*****************************************************************/
void initT(void)
{
    T1CCTL2|=((0x06<<3)|                  //计数=T1CC2时置0，=T1CC0时置1
              (0x01<<2));                 //通道2工作在输出比较模式（匹配模式）
/*配置定时器T1的16位计数器的计数频率
选择16MHz时钟源，128分频方式，模模式定时器模式。一个计数时长16MHz /128=125
kHz。此时T1定时器的16位计数器选择计数上限为62500次时每次计数从0到62500计时0.5s，
则模模式计数1次则中断一次的时间间隔为0.5s。*/
      //给T1CC0写入模的值（周期0.5s)62 500
      T1CC0L=62500&0xFF;                 //低8位写入T1CC0L
      T1CC0H=((62500&0xFF00)>>8);        //高8位写入T1CC0H
      //给T1CC2写入比较值（匹配值）12 500
      T1CC2L=12500&0xFF;
      T1CC2H=((12500&0xFF00)>>8);        // 占空比
      T1CTL=0x0e;             // 配置128分频，模工作模式，并开始启动
      TIMIF &=~0x40;          //不产生定时器T1的溢出中断
                              //定时器T1的通道2的中断使能T1CCTL2.IM默认使能
      T1IE=1;                 //使能定时器T1的中断或 IEN1 |=0x02
      EA=1;                   //使能全局中断
      EA=1;                   //开总中断
}
/*****************************************************************
函数名称：T1_ISR
功    能：定时器T1中断服务程序
入口参数：无
出口参数：无
返 回 值：无
*****************************************************************/
#pragma vector=T1_VECTOR              //中断服务子程序
__interrupt void T1_ISR(void)         //T1的中断地址是T1，参见表3-1
{
   EA=0;                              //关闭全局中断
   if((T1STAT&0x04)==0x04)            //若产生的是通道2中断
   {
      LED3=!LED3;                     //切换LED3（绿色）的亮灭状态
      T1STAT &=~0x04;                 //清零通道2中断标志，此寄存器使用字节操作
   }
   EA=1;                              //使能全局中断
}
```

提示：由于T1具有多个通道，所以中断服务程序中必须使用条件判别是哪个通道发生的中断，完成功能处理之后，清除该通道的中断标志位。不能改变其他通道的标志。

```
/*****************************************************************
函数名称：main
功    能：main函数入口
入口参数：无
出口参数：无
返 回 值：无
```

```
***************************************************************/
void main(void)
{
  initIO();    //调用初始化 IO 函数
  PERCFG 1=0X40;
  P1SEL 1=0X01;
  P1DIR 1=0X01;
  initT();     //调用初始化定时器 T1 模模式
  while(1);
}
```

拓展练习

(1) 修改实验 11 程序,实现使用备用位置 2 的通道 1 (P1.1) 控制 LED2/LED4 灯的亮灭。

(2) 同时设置通道 1 和通道 2，分别控制 LED1/LED3 和 LED2/LED4。

(3) 实现按键控制切换：按键单次 P1.0 控制 LED1/LED3 的亮灭，按键双次 P1.1 控制 LED2/LED4 的亮灭。

思考题

参考图 4-7 备用通道 2 比较模式控制示意图，思考一下，如何设置参数使用定时器产生方波?

UART 串口通信

串行接口（serial interface）是指数据一位一位地顺序传送的通信接口，简称“串口”。一条信息的各位数据被逐位按顺序传送的通信方式称为串行通信。

串行通信的特点是：数据位的传送，按位顺序进行，最少只需一根传输线即可完成；成本低但传送速度慢。串行通信的距离可以从几米到几千米。根据信息的传送方向，串行通信可以进一步分为三种：单工、半双工和全双工。

串口初期是为了实现连接计算机外设的目的设计，串口也可以应用于两台计算机（或设备）之间的互连及数据传输。目前串口通信也多用于工控、物联网应用等设备通信中。

5.1 串行接口

CC2530 有两个串行接口 USART0 和 USART1。两个串行接口既可以工作于 UART（异步通信）模式，也可以工作于 SPI（同步通信）模式，模式的选择由串行端口控制 / 状态暂存器 UxCSR.MODE 决定（x=0 为接口 USART0 的寄存器，x=1 为接口 USART1 的寄存器，后续表示均相同），参见附录中表 E-1。当运行 USART 模式时，内部波特率发生器设置 USART 波特率；当运行 SPI 模式时，内部波特率发生器设置 SPI 波特率。有关同步通信和异步通信的原理在此不作赘述，请读者自行学习。

根据表 4-1 得到串口外围设备 I/O 引脚映射表如表 5-1 所示。

第 1~2 行为 USART0 的同步通信接线和其备用通道 2（Alt.2）接线；

第 3~4 行为 USART0 的异步通信接线和其备用通道 2 接线；

第 5~6 行为 USART1 的同步通信接线和其备用通道 2 接线；

第 7~8 行为 USART1 的异步通信接线和其备用通道 2 接线。

表 5-1　串口外围设备 I/O 引脚映射表

外设 / 功能	P0								P1								P2				
	7	6	5	4	3	2	1	0	7	6	5	4	3	2	1	0	4	3	2	1	0
USART0 SPI			C	SS	M0	MI															
Alt.2											M0	MI	C	SS							

续表

外设 / 功能	P0								P1								P2				
	7	6	5	4	3	2	1	0	7	6	5	4	3	2	1	0	4	3	2	1	0
USART0 UART			RT	CT	TX	RX															
Alt.2											TX	RX	RT	CT							
USART1 SPI			M1	M0	C	SS															
Alt.2									M1	M0	C	SS									
USART1 UART			RX	TX	RT	CT															
Alt.2									RX	TX	RT	CT									

这里以 USART0 串口 UART 通信模式为例介绍相关知识。UART 模式可以选择两线连接（TXD 和 RXD）或四线连接（TXD、RXD、CTS 和 RTS）。RTS 和 CTS 用于硬件流量控制。UART 模式提供全双工传送，接收器中的位同步不影响发送功能。传送一个 UART 字节包含 1 个起始位、8 个数据位、1 个可选项的第 9 位数据或奇偶校验位再加上 1 个（或 2 个）停止位。

注意：虽然真实数据封包含 8 位或 9 位，但是数据传送只涉及 1 字节。

USART0 引脚接线表见表 5-2。

表 5-2 USART0 引脚接线表

UART 引脚	CC2530
RXD	P0.2
TXD	P0.3
CTS	P0.4
RST	P0.5

5.2 UART 发送与接收

USART 收 / 发数据缓冲器寄存器 UxBUF 寄存器是双缓冲的。发送数据就是将数据放入 UxBUF 寄存器，接收数据就是到 UxBUF 寄存器取数据，参见附录中表 E-4。

1. UART 发送

当往 USART 收 / 发数据缓冲器寄存器 UxBUF 写入数据时，该字节发送到输出引脚 TXDx。当字节传送开始时，UxCSR.ACTIVE 位变为高电平；而当字节传送结束时，变为低电平。当传送结束时，UxCSR.TX_BYTE 位设置为 1。当 USART 收 / 发数据缓冲寄存器就绪，准备接收新的发送数据时，就产生了一个中断请求。该中断在传送开始之后立刻发生，因此，当字节正在发送时，新的字节能够装入数据缓冲器。

简言之，单片机发送时将数据字节放入 UxBUF，反复查询状态标志位，等待 PC 取走。当 PC 取走数据时，置位发送标志位 UTX0IF，告诉单片机可以发送下一个数据。

2. UART 接收

当 1 写入 UxCSR.RE 位时，在 UART 上数据接收就开始了。然后 UART 会在输入引脚 RXDx 中寻找有效起始位，并且设置 UxCSR.ACTIVE 位为 1。当检测出有效起始位时，收到的字节就传入接收寄存器，UxCSR.RX_BYTE 位设置为 1。该操作完成时，产生接收中断。同时 UxCSR.ACTIVE 变为低电平。通过寄存器 UxBUF 提供收到的数据字节。当 UxBUF 读出时，UxCSR.RX_BYTE 位由硬件清零。

简言之，PC 发送时将数据字节放入 UxBUF，数据就绪即触发单片机的接收中断，单片机接收标志位被置 1（单片机如果不使用中断接收，可以选择查询这个标志位，当该标志位为 1 时读接收缓存寄存器里的数据字节），等待单片机取走数据字节时接收标志位被硬件清零，提示 PC 发送下一个数据字节。

5.3 UART 中断配置

由于单片机发送数据为单任务操作，接收 PC 为多任务系统，不能保证接收的实时性，所以发送数据到单片机，发送采用定时发送方式较为安全，否则可能出现数据丢失的乱码现象。相反，单片机实时性好，中断实时接收可以有保证，所以接收数据采样中断方式，即 PC 发送数据到数据缓存器，引起单片机接收中断，在接收中断服务程序中处理接收数据。

每个 USART 都有两个中断：RX 完成中断 (URXx) 和 TX 完成中断 (UTXx)。PC 取走缓存区数据触发单片机发送中断；PC 存入缓存区数据触发单片机接收中断。USART 的中断使能位在寄存器 IEN0 和寄存器 IEN2 中，中断标志位在寄存器 TCON 和寄存器 IRCON2 中 。参见附录中表 B-1、表 B-3、表 B-4、表 B-8。

串口中断使能寄存器位：

（1）USART0RX：IEN0.URX0IE 串口 0 接收中断使能位；

（2）USART1RX：IEN0.URXlIE 串口 1 接收中断使能位；

（3）USART0TX：IEN2.UTX0IE 串口 0 发送中断使能位；

（4）USART1TX：IEN2.UTXlIE 串口 1 发送中断使能位。

串口中断标志寄存器位：

（1）USART0RX：TCON.URX0IF 串口 0 接收中断标志位；

（2）USART1RX：TCON.URXlIF 串口 1 接收中断标志位；

（3）USART0TX：IRCON2.UTX0IF 串口 0 发送中断标志位；

（4）USART1TX：IRCON2.UTX1IF 串口 1 发送中断标志位。

5.4 波特率的产生

接收和发送数据，需要通信的两端配置相同的波特率。就像两地互发电信号需要在同一个频道上，才可以彼此接收对方信息一样。

当运行在 UART 模式时，内部的波特率发生器设置 UART 波特率；当运行在 SPI 模式时，内部的波特率发生器设置 SPI 波特率。由寄存器 UxBAUD.BAUD_M[7：0] 和 UxGCR.

BAUD_E[4 : 0] 定义波特率（参见附录中表 E-5、表 E-3）。该波特率用于 UART 传送，也用于 SPI 传送的串行时钟速率。波特率由下式给出：

$$波特率=\frac{(256+BAUD\_M)\times 2^{BAUD\_E}}{2^{28}}\times f$$

式中，f 是系统时钟频率，等于 16MHz RCOSC 或者 32MHz XOSC。

标准波特率所需的寄存器值如表 5-3 所示。该表适用于典型的 32 MHz 系统时钟。真实波特率与标准波特率之间的误差,用百分数表示。当 BAUD_E 等于 16 且 BAUD_M 等于 0 时，UART 模式的最大波特率是 $f/16$。

注意：波特率必须通过 UxBAUD 和寄存器 UxGCR 在任何其他 UART 和 SPI 操作发生之前设置。这意味着使用这个信息的定时器不会更新，直到它完成它的起始条件，因此改变波特率是需要时间的。

表 5-3　32 MHz 系统时钟常用的波特率设置

波特率 /（bit/s）	UxBAUD.BAUD_M	UxGCR.BAUD_E	误差 /%
2 400	59	6	0.14
4 800	59	7	0.14
9 600	59	8	0.14
14 400	216	8	0.03
19 200	59	9	0.14
28 800	216	9	0.03
38 400	59	10	0.14
57 600	216	10	0.03
76 800	59	11	0.14
115 200	216	11	0.03
230 400	216	12	0.03

5.5 USART 寄存器配置

串口通信除了需要配置串口相关寄存器，还要配置时钟源、外设寄存器，这些寄存器的配置方法请查阅前面章节。

已经学习过配置的寄存器：P1DIR、CLKCONCMD、PERCFG、P0SEL。

需要学习的寄存器：U0CSR、U0UCR、U0GCR、U0BUF、U0BAUD、TCON、IRCON2、IEN0。

CC2530 发送数据到 PC 初始化配置串口的一般步骤：

(1) 配置串口的备用位置，是选备用位置 1，还是备用位置 2。配置寄存器 PERCFG 外设控制寄存器 P0 口。参见附录中表 A-11，d0=0 为选用 UART0 的备用位置 1。

指令为：PERCFG=0x00;　　　// 串口 0 的备用位置 1，外设引脚为 P0 口

（2）配置 I/O，使用外围设备功能。此处配置 P0.2、P0.3、P0.4、P0.5 作为片内外设 UART0；

```
指令为：P0SEL=0x3c;            //00111100 b
        //P0 用作串口，P0.2、P0.3、P0.4、P0.5 作为片内外设 I/O
```

（3）配置端口的外设优先级。此处配置 P0 外设优先作为 UART0，即 P0 口外设优先级采用上电复位默认值，P2DIR 寄存器采用默认值，参见附录中表 A-6，配置 P2DIR 寄存器 d7:d6 位为 0。（提示：不能改变其他位的值。）

```
指令为：P2DIR &=~0xc0 ;
```

（4）配置相应串口的控制和状态寄存器。此处配置 UART0 的工作寄存器：U0CSR、U0UCR，参见附录中表 E-1、表 E-2。

```
指令为：U0CSR |=0x80;           // 选择 UART 模式
```

通过设置寄存器位 UxUCR.FLUSH 可以取消当前的操作。这一事件会立即停止当前操作并且清除全部数据缓冲器。应注意，在 TX/RX 位中间设置清除位，清除将不会发生，直到这个位结束（缓冲将被立即清除，但是知道位持续时间的定时器不会被清除）。因此，使用清除位应符合 USART 中断，或在 USART 可以接收更新的数据或配置之前，使用当前波特率的等待时间位。

```
指令为：U0UCR |=0x80;           // 进行 USART 清除
```

（5）配置串口工作的波特率。此处配置为波特率 57600(U0BAUD=216，U0GCR=10)。

```
指令为：U0BAUD=216;             // 波特率小数值
        U0GCR=10;               // 波特率指数值
```

提示：时间使用中，由于误差及芯片差异，这组参数的指数值有时可设为 11。

（6）将对应的串口接收 / 发送中断标志位清零，接收 / 发送一个字节都将产生一个中断，在接收时需要开总中断和使能接收中断，以及运行接收。

```
指令为：UTX0IF=0;               // 清零 UART0 TX 中断标志
        EA=1;                   // 使能全局中断
```

CC2530 接收 PC 发送过来的数据的初始化配置串口的一般步骤：

① 发送初始化的全部配置。

② 在上述步骤（4）完成之后，添加以下指令：

```
U0CSR |=0X40;                   // 允许接收
```

注意：允许接收配置 U0CSR |= 0X40 必须在完成 UART0 基本配置之后设置，不能同时设置。也就是说，不能与步骤（4）中的 U0CSR |= 0x80 选择 UART 模式算式合并，而是必须在完成步骤（4）配置之后！

实验 12 单片机到 PC 数据发送

实验目的

熟悉 CC2530 芯片硬件 USART0 串行接口 USART 模式的配置及使用方法。

实验内容

编写 IAR 程序，实现从 CC2530 上通过串口不断发送字符串“UTRT0 串口：你好！”，在 PC 端，用串口调试小助手来接收数据。实验使用串口 0，波特率为 57600。实验结果如图 5-1 所示。

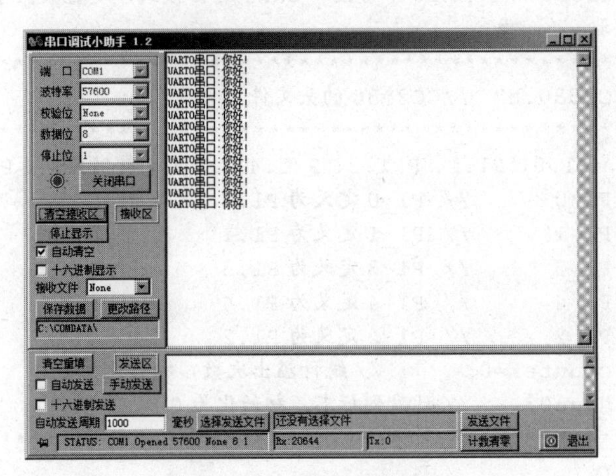

图 5-1 PC 串口接收数据

实验原理

选用 CC2530 的 USART0 串行接口 UART 通信模式，发送数据字符串到 PC 端。具体步骤如下：

（1）初始化配置 USART0 串行接口发送方式，参见前面 5.5 节介绍的内容。

（2）设计定时中断发送数据字符。

（3）设计发送一个字符的子函数。

根据前面介绍的发送原理，数据放入发送缓存器 U0DBUF 中，反复查询 UTX0IF 标志位，等待 PC 取走数据引起发送中断标志为 1，表示可以发下一个数据字节，但是必须清零 UTX0IF 标志位，否则不能容许下一个中断被触发。

参考代码：

```
U0DBUF=c;                //将要发送的 1 字节数据写入 U0DBUF（串口 0 收发缓冲器）
while (!UTX0IF);         //等待 TX 中断标志，即等待 U0DBUF 就绪
UTX0IF=0;                //清零 TX 中断标志，容许下一次中断
```

（4）设计一个字符串发送子函数（调用发送一个字符的子函数）。

实验步骤

（1）建立一个新项目。

（2）建立新的工作空间“Test12”，建立新的工程“Project_Uart1”，添加 C 文件 Uart1.c 到工程中，完成环境配置。

在 Uart1.c 文件中添加代码（见“相关代码”的内容）。

相关代码

```
/**************************************************************
文件名称：Uart1.c
功    能：CC2530 系列片上系统基础实验——串口 0 的发送应用
描    述：选用 CC2530 的 USART0 串行接口 UART 通信模式，发送数据字符串到 PC 端
硬件连接：同前实验
**************************************************************/
#include "ioCC2530.h" //CC2530 的头文件
/**************************************************************/
//定义 LED 端口：P1.0、P1.1、P 1.3、P 1.4      定义按键接口：P1.2
#define LED1   P1_0       // P1_0 定义为 P1.0
#define LED2   P1_1       // P1_1 定义为 P1.1
#define LED3   P1_3       // P1_3 定义为 P1.3
#define LED4   P1_4       // P1_4 定义为 P1.4
#define SW1    P1_2       // P1_2 定义为 P1.2
unsigned int counter=0;       //统计溢出次数，初始化为 0
unsigned int flag=0;    //计数到标志，初始化为 0
/**************************************************************
函数名称：initIO
功    能：初始化系统 IO
入口参数：无
出口参数：无
返 回 值：无
**************************************************************/
void initIO(void)
{
  P1SEL &=~0x1F;          //设置 LED1~LED4、SW1 为普通 I/O 口
  P1DIR |=0x1B ;          //设置 LED1~LED4 为输出
  P1DIR &=~0x04;          //SW1 按键在 P1.2，设定为输入
  LED1=0;                 //LED1~LED4 赋值 0，输出低电平到对应引脚，灭 LED
  LED2=0;
  LED3=0;
  LED4=0;
}
/**************************************************************
函数名称：init UART0
功    能：初始化系统 UART0
入口参数：无
出口参数：无
返 回 值：无
**************************************************************/
void initUART0(void)
{
  /* 片内外设引脚位置采用上电复位默认值，即 PERCFG 寄存器采用默认值 */
  PERCFG=0x00;            //位置 1 P0 口
  P0SEL=0x3c;             //P0 用作串口，P0.2、P0.3、P0.4、P0.5 作为片内外设 I/O
  U0BAUD=216;             //配置波特率
```

```
  U0GCR=10;
  U0CSR |=0x80;           //UART 模式
  U0UCR |=0x80;           //进行 USART 清除
  UTX0IF=0;               //清零 UART0 TX 中断标志
  EA=1;                   //使能全局中断
}
/*************************************************************
函数名称：initT
功    能：初始化系统定时器 T1 控制状态寄存器
入口参数：无
出口参数：无
返 回 值：无
*************************************************************/
void initT(void)
{
/* 配置定时器 1 的 16 位计数器的计数频率，定时 0.2 s，计数 10 次，即 2s 发一次数据
  Timer Tick    分频    定时器 1 的计数频率    T1CC0 的值    时长
  32MHz         /128        250kHz             50000        0.2s    */
  CLKCONCMD &=0x80;  //时钟速度设置为 32 MHz
  T1CTL=0x0E;           //配置 128 分频，模比较计数工作模式，并开始启动
  T1CCTL0 |=0x04;     //设定 timer1 通道 0 比较模式
  T1CC0L=50000 & 0xFF;                 //把 50000 的低 8 位写入 T1CC0L
  T1CC0H=((50000 & 0xFF00)>>8);        //把 50000 的高 8 位写入 T1CC0H
  T1IF=0;               //清除 timer1 中断标志(同 IRCON &=~0x02)
  T1STAT &=~0x01;     //清除通道 0 中断标志
  TIMIF &=~0x40;      //不产生定时器 T1 的溢出中断
                        //定时器 T1 的通道 0 的中断使能，T1CCTL0.IM 默认使能
  T1IE=1;               //或 IEN1 |=0x02;      //使能定时器 1 的中断
  EA=1;                 //使能全局中断
}
/*************************************************************
函数名称：UART0SendByte
功    能：UART0 发送 1 字节
入口参数：c
出口参数：无
返 回 值：无
*************************************************************/
void UART0SendByte(unsigned char c)
{
  U0DBUF=c;             //将要发送的 1 字节数据写入 U0DBUF(串口 0 收发缓冲器)
  while (!UTX0IF);    //等待 TX 中断标志，即 U0DBUF 就绪
  UTX0IF=0;             //清零 TX 中断标志
}
/*************************************************************
函数名称：UART0SendString
功    能：UART0 发送一个字符串
入口参数：无
出口参数：无
```

```
返 回 值：无
***************************************************************/
void UART0SendString(unsigned char *str)
{
  while(1)
  {
    if(*str=='\0')
    break;                        //遇到结束符，退出
    UART0SendByte(*str++);    //发送 1 字节
  }
}
/***************************************************************
函数名称：T1_ISR
功    能：定时器 T1 中断服务程序
入口参数：无
出口参数：无
返 回 值：无
***************************************************************/
#pragma vector=T1_VECTOR        //中断服务子程序
__interrupt void T1_ISR(void)   //T1 的中断地址是 T1，参见表 3-1
{
  EA=0;                         //禁止全局中断
  counter++;
  if(counter>=10)
  {
    counter=0;
    LED1=!LED1;
    UART0SendString("UART0 串口：你好！\r\n"); //从 UART0 发送字符串
  }
  T1IF=0;                    //清 T1 的中断请求
                             //或 T1STAT &=~0x01;//清除通道 0 中断标志
  EA=1;                      //使能全局中断
}
/***************************************************************
函数名称：main
功    能：main 函数入口
入口参数：无
出口参数：无
返 回 值：无
***************************************************************/
void main(void)
{
  initIO();                  //调用初始化 IO 函数
  initT();                   //调用初始化定时器 T1 模模式
  initUART0();               //UART0 初始化
  while(1);
}
```

拓展练习

(1) 定时器中断十次，发送一次，为什么？

(2) 如何提升发送速度？是否可以任意提升？

思考题

(1) 是否可以考虑用延时方式取代定时器 T1 实现发送？

(2) 是否可以考虑用发送中断方式取代定时器 T1 实现发送？

实验 13 PC 到单片机数据发送

实验目的

熟悉 CC2530 芯片硬件 USART0 串行接口 USART 模式的配置及使用方法。

实验内容

编写 IAR 程序，实现 PC 串口发送命令 11# 点亮 LED1，21# 点亮 LED2，31# 点亮 LED3，41# 点亮 LED4；10# 灭 LED1，20# 灭 LED2，30# 灭 LED3，40# 灭 LED4；依此类推。如图 5-2 所示，发送命令为 21#，点亮 LED2。

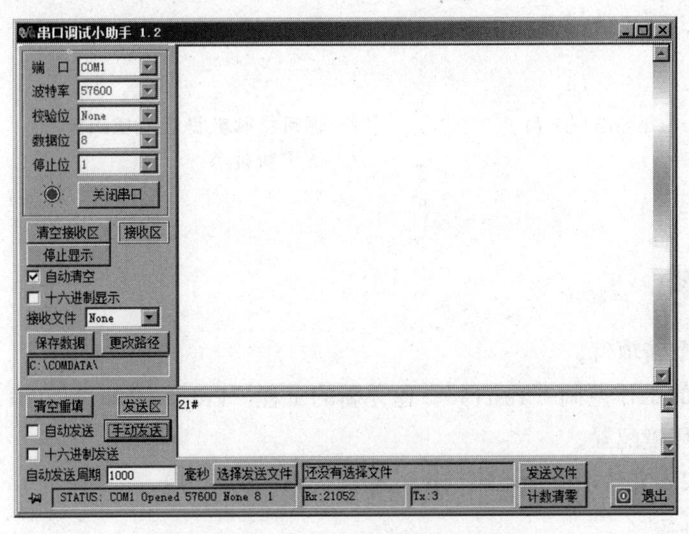

图 5-2 PC 串口发送命令 21# 数据

实验原理

选用 CC2530 的 USART0 串行接口 UART 通信模式，配置 PC 发送数据字符串到单片机端。接收命令处理流程如图 5-3 所示。

(1) 初始化配置 USART0 串行接口接收数据方式，参见前面 5.5 节介绍的内容。

(2) 设计接收数据处理子函数。设计 receive_handler()，实现流程图（见图 5-3）所示的数据处理功能。引用字符串处理功能需要添加 C 语言头文件“#include <string.h>”

数据协议：单片机通信过程中的命令格式组织由用户自己设计，命令组成格式称为数据协议。数据协议设计要求为符合使用要求、简洁和处理方便。

数据协议设计的基本原则：

① 符合相关行业规范；

② 组织简单，解析容易；

③ 具备一定的通用性、可扩展性。

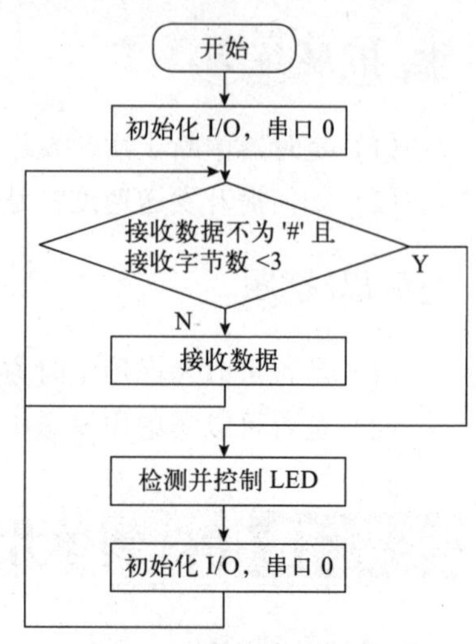

图 5-3 接收命令处理流程

本实验设计的数据协议命令格式为 2 位命令 1 位结束符，如“AB#”。其中，A 表示 1~4 个 LED 识别，数据值域为 1，2，3，4；B 为 LED 灯的亮灭状态识别，数据值为 1 表示点亮，数据值为 0 表示熄灭；# 为结束符，用于判断命令组的结束。

(3) 接收中断服务程序。中断服务程序基本框架都是相同的，但是不同的中断的中断向量不一样，即中断被触发的时候需要到对应的地址运行相对应的中断服务程序，并要在初始化中使能串口接收中断 URX0IE 为 1。串口中断的程序框架如下：

```
#pragma vector=URX0_VECTOR          //串口中断向量表的地址是 URX0
__interrupt void URX0_ISR(void)
{
    EA=0;
    receive_handler();              //调用接收数据后处理函数
    URX0IF=0;                       //清中断标志
    EA=1;
}
```

实验步骤

(1) 建立一个新项目。

(2) 建立新的工作空间“Test13”，建立新的工程“Project_Uart2”，添加 C 文件 Uart2.c 到工程中，完成环境配置。

(3) 在 Uart2.c 文件中添加代码（见“相关代码”的内容）。

相关代码

```
/*****************************************************************
文件名称：Uart2.c
功    能：CC2530 系列片上系统基础实验——串口 0 的接收应用
描    述：选用 CC2530 的 USART0 串行接口 UART 通信模式，PC 发送命令数据字符串到单片机
```

```
        端，亮灭 LED
硬件连接：同前实验
*******************************************************************/
#include "ioCC2530.h"              // CC2530 的头文件
#include <string.h>
/*******************************************************************/
//定义 LED 端口：P1.0、P1.1、P 1.3、P 1.4    定义按键接口：P 1.2
#define LED1  P1_0                 // P1_0 定义为 P1.0
#define LED2  P1_1                 // P1_1 定义为 P1.1
#define LED3  P1_3                 // P1_3 定义为 P1.3
#define LED4  P1_4                 // P1_4 定义为 P1.4
#define SW1   P1_2                 // P1_2 定义为 P1.2

#define uint unsigned  int         //定义 uint 数据类型为无符号 int
#define uchar unsigned  char       //定义 uchar 数据类型为无符号 char
#define DATABUFF_SIZE  3           //数据缓冲区大小
uchar buff[DATABUFF_SIZE];         //申请数据缓冲区
uint uIndex=0;                     //数据缓冲区的下标
/*******************************************************************
函数名称：initIO
功    能：初始化系统 IO
入口参数：无
出口参数：无
返 回 值：无
*******************************************************************/
void initIO(void)
{
    P1SEL &=~0x1F;           //设置 LED1~LED4、SW1 为普通 IO 口
    P1DIR |=0x1B ;           //设置 LED1~LED4 为输出
    P1DIR &=~0x04;           //SW1 按键在 P1.2，设定为输入
    LED1=0;                  //LED1~LED 4 赋值 0，输出低电平到对应引脚，灭 LED
    LED2=0;
    LED3=0;
    LED4=0;
}
/*******************************************************************
函数名称：init UART0
功    能：初始化系统 UART0
入口参数：无
出口参数：无
返 回 值：无
*******************************************************************/
void initUART0(void)
{
  /*片内外设引脚位置采用上电复位默认值，即 PERCFG 寄存器采用默认值 */
  PERCFG=0x00;              //位置 1 P0 口
  P0SEL=0x3c;               //P0 用作串口，P0.2、P0.3、P0.4、P0.5 作为片
                            //内外设 I/O
```

```
  U0BAUD=216;              //配置波特率
  U0GCR=10;
  U0CSR |=0x80;            //UART 模式
  U0UCR |=0x80;            //进行 USART 清除

  U0CSR |=0X40;            //允许接收

  URX0IE=1;                //使能 UART0 RX 中断
  UTX0IF=0;                //清零 UART0 TX 中断标志
  EA=1;                    //使能全局中断
}
/*************************************************************
函数名称：receive_handler
功    能：接收数据后处理
入口参数：无
出口参数：无
返 回 值：无
*************************************************************/
void receive_handler(void)
{
  uchar c;
  c=U0DBUF;                                  //读取接收到的字节
  buff[uIndex]=c;
  if(c=='#'&&uIndex>=DATABUFF_SIZE-1)    //#表示字符串的结束符
  {
    switch(buff[uIndex-2])
    {
     case '1'://11# 第一位的1表示LED1，第二位表示状态：1表示开，0表示关
       LED1=buff[uIndex-1]-0x30;
       break;
     case  '2':
       LED2=buff[uIndex-1]-0x30;
       break;
     case  '3':
       LED3=buff[uIndex-1]-0x30;
       break;
     case  '4':
       LED4=buff[uIndex-1]-0x30;
       break;
     }
     for(int i=0;i<=uIndex;i++)      //清空数组内信息，即清空接收到的字符串
     buff[i]=0x00;
     uIndex=0;
  }
  else  uIndex++;                         //累计接收到的字节计数变量uIndex加1
}
/*************************************************************
函数名称：URX0_ISR
功    能：UART0 RX中断服务函数
```

```
入口参数：无
出口参数：无
返 回 值：无
****************************************************************/
#pragma vector=URX0_VECTOR       // 中断向量表的设置
__interrupt void URX0_ISR(void)
{
  EA=0;
  receive_handler();              // 调用接收数据后处理函数
  URX0IF=0;                       // 清中断标志
  EA=1;
}
/****************************************************************
函数名称：main
功    能：main 函数入口
入口参数：无
出口参数：无
返 回 值：无
****************************************************************/
void main(void)
{
  initIO();                       // 调用初始化 IO 函数
  CLKCONCMD &=0x80;               // 时钟速度设置为 32 MHz
  initUART0();                    // UART0 初始化
  while(1) ;
}
```

拓展练习

尝试添加几组命令，理解数据协议，设计命令格式。

（1）点亮全部 LED；

（2）熄灭全部 LED；

（3）亮 RED；

（4）亮 GREEN。

思考题

如果数据协议要求严格判断，比如：命令格式中出现非法字符、长度超长等。可以如何优化 receive_handler 函数？

实验 14 单片机与 PC 数据相互通信

实验目的

熟悉 CC2530 芯片硬件 USART0 串行接口 USART 模式的配置及使用方法。

实验内容

编写 IAR 程序，实现 PC 串口发送数据“单片机与 PC 的通信测试 #”到单片机，单片机将接收的数据再发送到 PC 的串口调试小助手数据接收区显示，如图 5-4 所示。

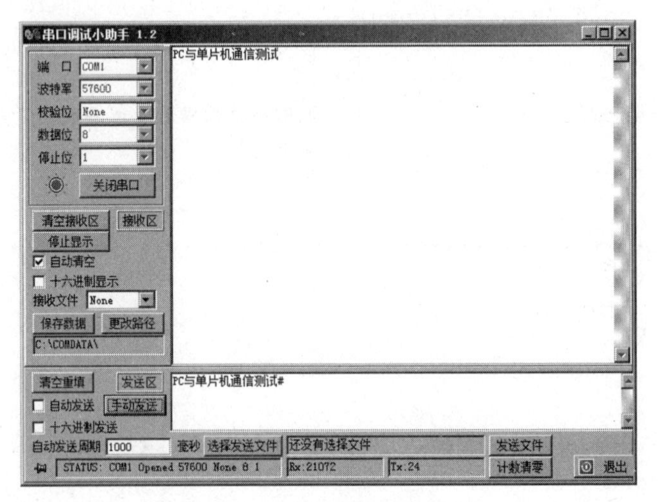

图 5-4　PC 串口发送并接收数据

实验原理

本实验结合实验 12 和实验 13 的基础应用即可。

（1）初始化 I/O，初始化 UART0 选用实验 13 的初始化。

（2）修改 receive_handler 处理子函数，当接收到一个字符时，修改关闭接收数据功能，发送接收到的数据到 PC，然后再打开数据接收功能配置。

```
指令为：U0CSR &=~0x40;                    //发送数据的时候关闭接收数据功能
        UART0SendString(buff);            //发送接收到的数据
        U0CSR |=0x40;                     //开启接收数据功能
```

实验步骤

（1）建立一个新项目。

（2）建立新的工作空间“Test14”，建立新的工程“Project_Uart3”，添加 C 文件 Uart3.c 到工程中，完成环境配置。

（3）在 Uart3.c 文件中添加代码（见“相关代码”的内容）。

相关代码

```
/*******************************************************************
文件名称：Uart3.c
功    能：CC2530 系列片上系统基础实验——串口 0 的收发应用
描    述：选用 CC2530 的 USART0 串行接口 UART 通信模式，PC 发送数据字符串到单片机端，
          单片机将接收到的数据字符串发送回 PC 端显示
```

```
硬件连接：同前实验
*************************************************************/
#include "ioCC2530.h"          // CC2530 的头文件
#include <string.h>
/*************************************************************/
//定义 LED 端口：P1.0、P1.1、P 1.3、P 1.4    定义按键接口：P1.2
#define LED1  P1_0             // P1_0 定义为 P1.0
#define LED2  P1_1             // P1_1 定义为 P1.1
#define LED3  P1_3             // P1_3 定义为 P1.3
#define LED4  P1_4             // P1_4 定义为 P1.4
#define SW1   P1_2             // P1_2 定义为 P1.2
unsigned int counter=0;        // 统计溢出次数，初始化为 0
unsigned int flag=0;           // 计数到标志，初始化为 0
#define uint unsigned  int     // 定义 uint 数据类型为无符号 int
#define uchar unsigned  char   // 定义 uchar 数据类型为无符号 char
#define DATABUFF_SIZE  3       // 数据缓冲区大小
uchar buff[DATABUFF_SIZE];     // 申请数据缓冲区
uint  uIndex=0;                // 数据缓冲区的下标
/*************************************************************
函数名称：initIO
功    能：初始化系统 IO
入口参数：无
出口参数：无
返 回 值：无
*************************************************************/
void initIO(void)
{
  P1SEL &=~0x1F;           //设置 LED1~LED4、SW1 为普通 I/O 口
  P1DIR |=0x1B ;           //设置 LED1~LED4 为输出
  P1DIR &=~0x04;           // SW1 按键在 P1.2，设定为输入
  LED1=0;                  // LED1~LED4 赋值 0，输出低电平到对应引脚，灭 LED
  LED2=0;
  LED3=0;
  LED4=0;
}
/*************************************************************
函数名称：init UART0
功    能：初始化系统 UART0
入口参数：无
出口参数：无
返 回 值：无
*************************************************************/
void initUART0(void)
{
  /* 片内外设引脚位置采用上电复位默认值，即 PERCFG 寄存器采用默认值 */
  PERCFG=0x00;       //位置 1 P0 口
  P0SEL=0x3c;        //P0 用作串口，P0.2、P0.3、P0.4、P0.5 作为片内外设 I/O
  U0BAUD=216;        //配置波特率
```

```
  U0GCR=10;
  U0CSR |=0x80;     //UART 模式
  U0UCR |=0x80;     // 进行 USART 清除

  U0CSR |=0X40;     // 允许接收

  URX0IE=1;         // 使能 UART0 RX 中断
  UTX0IF=0;         // 清零 UART0 TX 中断标志
  EA=1;             // 使能全局中断
}
/***************************************************************
函数名称：UART0SendByte
功    能：UART0 发送 1 字节
入口参数：c
出口参数：无
返 回 值：无
***************************************************************/
void UART0SendByte(unsigned char c)
{
  U0DBUF=c;         // 将要发送的 1 字节数据写入 U0DBUF(串口 0 收发缓冲器)
  while (!UTX0IF); // 等待 TX 中断标志，即 U0DBUF 就绪
  UTX0IF=0;         // 清零 TX 中断标志
}
/***************************************************************
函数名称：UART0SendString
功    能：UART0 发送一个字符串
入口参数：无
出口参数：无
返 回 值：无
***************************************************************/
void UART0SendString(unsigned char *str)
{
  while(1)
  {
    if(*str=='\0')
      break;                  // 遇到结束符，退出
    UART0SendByte(*str++);    // 发送 1 字节
  }
}
/***************************************************************
函数名称：receive_handler
功    能：接收数据后处理
入口参数：无
出口参数：无
返 回 值：无
***************************************************************/
void receive_handler(void)
{
  if( uIndex==0)
```

```
    LED2=1;                              //接收第一个字符点亮 LED
  buff[uIndex]=U0DBUF;                   //读取接收到的字节
  if(buff[uIndex]=='#'||uIndex>=DATABUFF_SIZE-1)
  {
    U0CSR &=~0x40;                       //发送数据的时候关闭接收数据功能
    UART0SendString(buff);               //发送接收到的数据
    U0CSR |=0x40;                        //开启接受数据功能
    for(int i=0; i<=uIndex; i++) //清空数组内信息，即清空接收到的字符串
    buff[i]=(uchar)NULL;
    uIndex=0;
    LED2=0;                              //灭 LED，接收与回送结束
  }
  else
uIndex++;                                //累计接收到的字节计数加 1
}
/*************************************************************
函数名称：URX0_ISR
功    能：UART0 RX 中断服务函数
入口参数：无
出口参数：无
返 回 值：无
*************************************************************/
#pragma vector=URX0_VECTOR               //中断向量表的设置
__interrupt void URX0_ISR(void)
{
  EA=0;
  receive_handler();                     //调用接收数据后处理函数
  URX0IF=0;                              //清中断标志
EA=1;
}
/*************************************************************
函数名称：main
功    能：main 函数入口
入口参数：无
出口参数：无
返 回 值：无
*************************************************************/
void main(void)
{
  initIO();                              //调用初始化 IO 函数
  CLKCONCMD &=0x80;                      //时钟速度设置为 32MHz
  initUART0();                           // UART0 初始化
  while(1) ;
}
```

拓展练习

用 PC 命令控制跑马灯启停。“Start”启动跑马灯运行，“Stop”停止跑马灯运行，并同时将控制命令发到 PC 的数据接收区。

思考题

（1）回顾一下实验 12 单片机发送数据到 PC 采用定时发送，不采用发送中断发送（可以试试使用发送中断服务程序发送，PC 接收的数据会是乱码），为什么？

（2）实验 14 中把接收到的数据发送到 PC，没有使用定时中断发送，而是在接收中断中，每接收一个字符，就发送一个字符，为什么能够成功？

第6章 模拟量与开关量采样

模拟信号：模拟信号是指信息参数在给定范围内表现为连续的信号。像那些电压/电流与声音这些都是模拟信号。

数字信号：数字信号是指幅度的取值是离散的。幅值表示被限制在有限个数值之内。二进制码就是一种数字信号。二进制码受噪声的影响小，易于由数字电路进行处理，所以得到了广泛的应用。

将测试到的模拟量转换成数字量称为ADC（analog-to-digital converter）转换。A/D（模/数）转换器就是把模拟信号转换成数字信号的器件。输出的数字量与输入的模拟量一定程度成正比，或者按照特定的公式计算获得对应值。在模拟量信号需要以数字形式处理、存储或传输时，A/D转换器几乎必不可少。8位、10位、12位或16位的慢速片内(on-chip)A/D转换器在微控制器里十分普遍。速度很高的A/D转换器在不少设备里也是必需的组成部分。将连续的模拟量转换成离散的数字量的过程如图6-1所示，竖分割线越密，间距越小，转换精度越高，转换时间越长，硬件成本越高，得到的数字量越接近实际模拟量值。

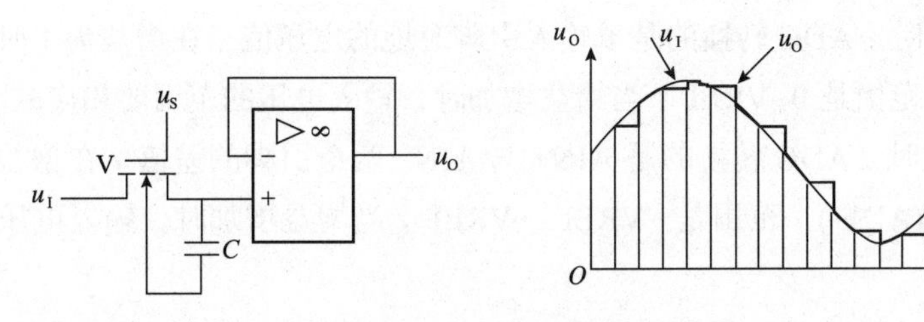

图6-1　A/D转换示意图

6.1 CC2530的ADC简介

ADC支持多达14位的A/D转换，具有多达12位的ENOB（有效数字位），比一般单片机的8位ADC精度要高。它包括1个模拟多路转换器，具有多达8个各自可配置的通道，以及1个参考电压发生器，转换结果通过DMA写入存储器，从而减轻CPU的负担。ADC功能框图如图6-2所示。

ADC 的主要特性如下：

（1）可选的抽取率，这里设置了分辨率（7~12 位）；

（2）8 个独立的输入通道，可接收单端或差分信号；

（3）参考电压可选为内部单端、外部单端、外部差分或 AVDD5（供电电压）；

（4）产生中断请求；

（5）转换结束时的 DMA 触发；

（6）温度传感器输入；

（7）电池测量功能。

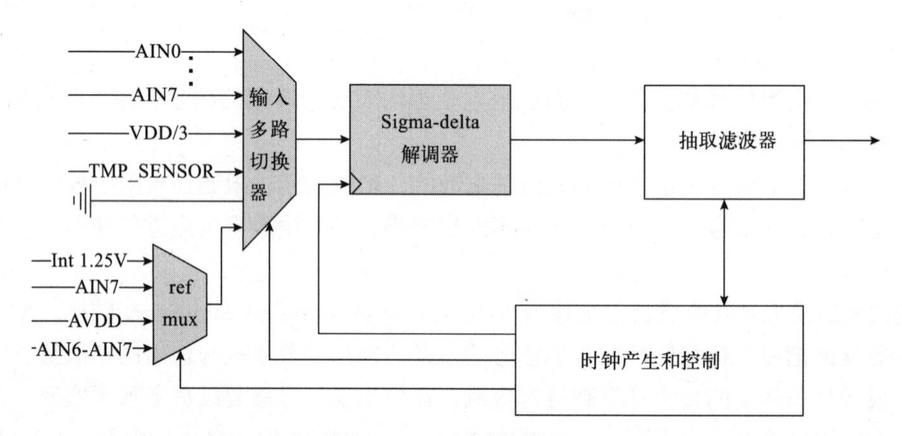

图 6-2　ADC 功能方块图

6.2 ADC 工作方式

在单端方式工作时：ADC 转换的是单输入引脚对地的电压值；在增益为 1 时，测量的值就是输入的电压值，范围是 0~VREF；当增益增加时，输入电压的范围要相应减小。

在差分方式工作时：ADC 转换的是 AIN+ 与 AIN- 两个引脚的差值；在增益为 1 时，测量的值等于 (AIN+)-(AIN-)，范围是 -VREF~+VREF；当增益增加时，输入电压的范围要相应减小。

端口 P0 引脚 P0.0~P0.7 的信号可以用作 ADC 输入，这些端口引脚接到 AIN0~AIN7 引脚。输入引脚 AIN0~AIN7 是连接到 ADC 的，见表 6-1。

表 6-1　ADC 外设引脚表

外设 / 功能	P0								P1								P2				
	7	6	5	4	3	2	1	0	7	6	5	4	3	2	1	0	4	3	2	1	0
ADC	A7	A6	A5	A4	A3	A2	A1	A0													T

ADC 的输入用 16 个通道来描述（选择通道由 ADCCON3 寄存器的 d3：d0 位配置，参见附录中表 F-5）：

（1）单端电压输入 AIN0~AIN7 以通道号 0~7 表示，用于采集各类外接传感器的测量值，接线来自 P0 口的 8 个引脚。如果 APCFG 寄存器中默认被禁用（参见附录中表 A-15），那么通道将被跳过。所以，使用这 8 个通道，必须配置 APCFG 寄存器中的对应位为 1。

（2）差分输入对 AIN0-AIN1、AIN2-AIN3、AIN4-AIN5、AIN6-AIN7 用通道号 8~11 表示，也可用于采集各类外接传感器的测量值。接线来自 P0 口的 8 个引脚，差分模式下的转换取自差分输入对之间输入信号的电压差。当时使用差分对输入时，处于差分对的两个引脚都必须配置 APCFG 寄存器中的对应位为 1。

（3）GND 通道号为 12；片内温度传感器通道号为 14，将片内温度作为 ADC 输入，用于监测片上温度情况，温度超限可以提供报警。

（4）ACDD5/3 通道号为 15，此电压作为 ADC 输入，用于实现对芯片供电情况的监测，特别对于电池供电的板卡，可以提前通过监测电压值，决定更换时间。

6.3 ADC 转换控制寄存器

ADC 转换需要配置的相关寄存器有：控制寄存器 ADCCON1、ADCCON3，数据保存寄存器 ADCH：ADCL。

当使用 ADC 功能时，端口 P0 引脚必须配置为 ADC 输入，可以使用多达 8 路 ADC 输入。要配置一个端口 P0 引脚为 ADC 输入，APCFG 寄存器中相应的位必须设置为 1。这个寄存器的默认值选择端口 0 引脚为非 ADC 输入，即数字输入 / 输出。

APCFG 寄存器的设置将覆盖 P0SEL 的设置。ADC 可以配置为使用通用 I/O 引脚 P2.0 作为内部触发器来启动转换。当用作 ADC 内部触发器时，P2.0 引脚必须在输入模式下配置为通用 I/O（配置 P2SEL 寄存器的 d0 位为 0）。

实验 15 片内温度监测

实验目的

熟悉 CC2530 芯片 ADC 的配置及使用方法，掌握如何读取片内温度传感器的数据作为采样值送串口显示。（监测芯片的温度值，也可用于芯片故障报警预测）。

实验内容

编写 IAR 程序，获取片内温度传感器采样到的数据，经过 ADC 转换成数字量，通过串口送 PC 串口调试小助手显示如图 6-3 所示。

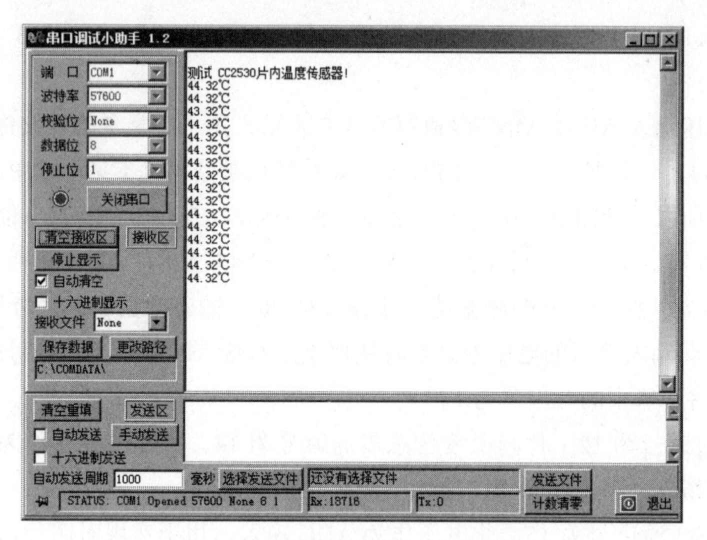

图 6-3　PC 接收到的片内温度数据

实验原理

（1）配置 ADCCON3 寄存器，选择内部参考电压 d7d6 位为 00；512 抽取率（12 位 ENOB）d5d4 位为 11；对片内温度传感器采样 d3:d0 位为 1110（参见附录中表 F-5）。

指令为：
```
ADCCON3=(0x3E);                    // 00111110b
```

（2）配置 ADCCON1 寄存器，选择 ADC 的启动模式为手动，d5d4 位为 11（参见附录中表 F-3）。

指令为：
```
ADCCON1 |=0x30;                    // 00110000b
```

（3）配置 ADCCON1 寄存器，启动 A/D 转换，d6 位为 1。

指令为：
```
ADCCON1 |=0x40;                    // 01000000b
```

（4）数据转换结果在 16 位寄存器 ADCH:ADCL 的 d13:d2 位，需要通过移位合并到变量中；申请一个 16 位整数变量 value。

指令为：
```
value=ADCL>>2;                     //将转换结果赋值给变量 value
value |=((int)ADCH<<6);
```

（5）ADC 转换需要时间，步骤（3）的指令启动 ADC 转换，通过查询 ADCCON1 寄存器的 d7 位，判断转换是否结束。当转换结束时 ADCCON1 寄存器的 d7 位被置 1。

指令为：
```
while(!(ADCCON1 & 0x80));          //等待 ADC 转换结束
```

（6）其他相关寄存器配置，请查询前面实验。

实验步骤

（1）建立一个新项目。

（2）建立新的工作空间“Test15”，建立新的工程“Project_ADC1”，添加 C 文件 TestADC1.c 到工程中，完成环境配置。

（3）在 TestADC1.c 文件中添加代码（见“相关代码”的内容）。

相关代码

```
/**********************************************************************
文件名称：TestADC1.c
功    能：CC2530 系列片上系统基础实验——ADC（片内温度）
描    述：本实验使用 CC253x 系列片上系统的片内温度传感器作为 AD 源，采用单端转换模式，
        将相应的 ADC 转换后的片内温度值显示在 PC 的串口调试助手上
硬件连接：同前实验
**********************************************************************/
#include "ioCC2530.h"          // CC2530 的头文件
#include <string.h>
/**********************************************************************/
//定义 LED 端口：P1.0、P1.1、P1.3、P1.4     定义按键接口：P1.2
#define LED1  P1_0             // P1_0 定义为 P1.0
#define LED2  P1_1             // P1_1 定义为 P1.1
#define LED3  P1_3             // P1_3 定义为 P1.3
#define LED4  P1_4             // P1_4 定义为 P1.4
#define SW1   P1_2             // P1_2 定义为 P1.2
#define uint unsigned  int     //定义 uint 数据类型为无符号 int
#define uchar unsigned  char   //定义 uchar 数据类型为无符号 char
/**********************************************************************
函数名称：delay
功    能：软件延时
入口参数：无
出口参数：无
返 回 值：无
**********************************************************************/
void delay(unsigned int time)
{
unsigned int i;
  unsigned char j;
  for(i=0; i<time; i++)
  {
    for(j=0; j<240; j++)
    {
      asm("NOP");              //asm 是内嵌汇编，NOP 是空操作，执行一个指令周期
      asm("NOP");
      asm("NOP");
    }
  }
}
/**********************************************************************
函数名称：initIO
功    能：初始化系统 IO
入口参数：无
出口参数：无
返 回 值：无
**********************************************************************/
```

```
void initIO(void)
{
    P1SEL &=~0x1F;    //设置 LED1~LED4、SW1 为普通 I/O 口
    P1DIR |=0x1B;     //设置 LED1~LED4 为输出
    P1DIR &=~0x04;    //SW1 按键在 P1.2，设定为输入
    LED1=0;           //LED1~LED4 赋值 0，输出低电平到对应引脚，灭 LED
    LED2=0;
    LED3=0;
    LED4=0;
}
/*****************************************************************
函数名称：init UART0
功    能：初始化系统 UART0
入口参数：无
出口参数：无
返 回 值：无
*****************************************************************/
void initUART0(void)
{
  /*片内外设引脚位置采用上电复位默认值，即 PERCFG 寄存器采用默认值*/
  PERCFG=0x00;        //位置 1 P0 口
  P0SEL=0x3c;         //P0 口用作串口，P0.2、P0.3、P0.4、P0.5 作为片内外设 I/O
  U0BAUD=216;         //配置波特率
  U0GCR=10;
  U0CSR |=0x80;       //UART 模式
  U0UCR |=0x80;       //进行 USART 清除
  URX0IE=1;           //使能 UART0 RX 中断
  UTX0IF=0;           //清零 UART0 TX 中断标志
  EA=1;               //使能全局中断
}
/*****************************************************************
函数名称：UART0SendByte
功    能：UART0 发送 1 字节
入口参数：c
出口参数：无
返 回 值：无
*****************************************************************/
void UART0SendByte(unsigned char c)
{
  U0DBUF=c;           //将要发送的 1 字节数据写入 U0DBUF(串口 0 收发缓冲器)
  while(!UTX0IF);     //等待 TX 中断标志，即 U0DBUF 就绪
  UTX0IF=0;           //清零 TX 中断标志
}
/*****************************************************************
函数名称：UART0SendString
功    能：UART0 发送 1 个字符串
入口参数：无
出口参数：无
```

```
返 回 值:无
*************************************************************/
void UART0SendString(unsigned char *str)
{
  while(1)
  {
    if(*str=='\0')
      break;                          //遇到结束符,退出
    UART0SendByte(*str++);            //发送 1 字节
  }
}
/*************************************************************
函数名称:getTemperature
功    能:实现芯片温度传感器采样值的 A/D 转换,获得对应数字量
入口参数:无
出口参数:无
返 回 值:芯片温度值数字量
*************************************************************/
float getTemperature(void)
{
  signed short int value;
  ADCCON3=(0x3E);                     //选择内部参考电压;12 位分辨率;对片
                                      //内温度传感器采样
  ADCCON1 |=0x30;                     //选择 ADC 的启动模式为手动
  ADCCON1 |=0x40;                     //启动 A/D 转换
  while(!(ADCCON1 & 0x80));           //等待 ADC 转换结束
  value=ADCL>>2;
  value |=((int)ADCH<<6);             //将最终转换结果存入 value 中
  if(value<0)                         //若 cvalue<0,就认为它为 0
  value=0;
  return value*0.06229-311.43;        //根据公式计算出温度值
}
/*************************************************************
函数名称:main
功    能:main 函数入口
入口参数:无
出口参数:无
返 回 值:无
*************************************************************/
void main(void)
{
  initIO();                           //调用初始化 IO 函数
  CLKCONCMD &=0x80;                   //时钟速度设置为 32MHz
  initUART0();                        //UART0 初始化
/********** 以下代码采集片内温度值并处理 **********/
  char i;
  float avgTemp;
  unsigned char output[]="";
```

```
    UART0SendString("\r\n测试 CC2530片内温度传感器！\r\n");
    //发初始提示信息
    while(1)
    {
      LED1=1;  //LED亮，开始采集并发往串口
      avgTemp=getTemperature();
      for(i=0; i<64; i++)              //连续采样64次，求平均值
      {
        avgTemp +=getTemperature();
        avgTemp=avgTemp/2;             //每采样1次，取1次平均值
      }
      //数据转换为十进制输出字符串
      output[0]=(unsigned char)(avgTemp)/10 + 48;      //十位
      output[1]=(unsigned char)(avgTemp)%10 + 48;      //个位
      output[2]='.';                                   //小数点
      output[3]=(unsigned char)(avgTemp*10)%10+48;     //十分位
      output[4]=(unsigned char)(avgTemp*100)%10+48;    //百分位
      output[5]='\0';                                  //字符串结束符

      UART0SendString(output);
      UART0SendString("℃\t\r\n");    //输出符号单位后回车换行
      LED1=0;                          //LED熄灭，表示转换结束
      delay(2000);
      delay(2000);
    }
  }
```

拓展练习

用定时器T1控制主程序中的每1 s显示一次，去除延时子函数。

思考题

在主程序中，采样值累加64次求平均值是一种采样滤波计算方式，称为平均值滤波法，可以过滤掉瞬时干扰的高点和零点。在单片机计算中，乘除法最浪费时间和精度，尽可能使用加减法和移位。请思考一下，如何优化上述程序中的算法公式？

实验16 供电电压监测

实验目的

熟悉CC2530芯片ADC转换的配置及使用方法，实现采样芯片供电电压值，以监测电源电压。将采样到的芯片电源电压数据作为AD采样值送串口显示，可用于实验板掉电预警。

实验内容

编写 IAR 程序，将 AD 的电源电压设为 1/3 电源电压，并将转换得到的供电电源电压值，通过串口送 PC 串口调试小助手显示，如图 6-4 所示。

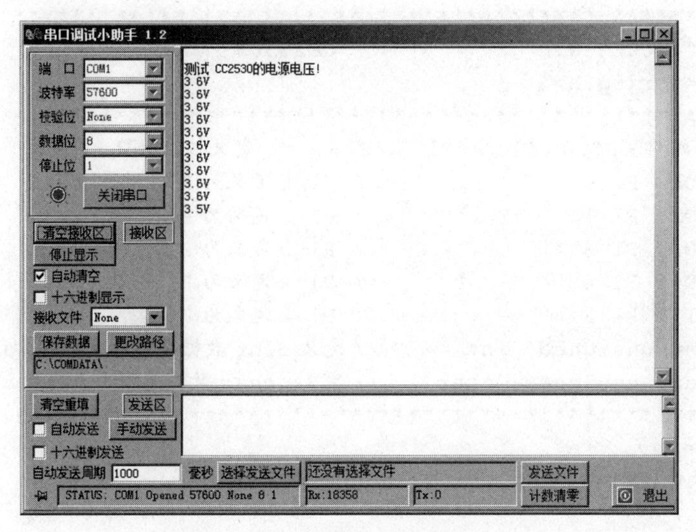

图 6-4 PC 接收到的电源电压值

实验原理

片内提供 AVDD5/3 的电压作为 ADC 输入，采集的电压值 ×3 即电源电压。注意，在这种情况下参考电压不能取决于电源电压，如 AVDD5 电压不能作为参考电压。因此，本实验取内部电压 1.25 V 作为参考电压。

（1）实际操作的寄存器配置部分同实验 15。

（2）在电压采样子函数 getVol 中，采样获得的值在变量 value 中是一个十六进制的数，值的区间范围是 0~8 192，电压值的值域是 0~1.25 V，所以采样值的转换公式为：1/3 电压值 = (value × 1.25)/8 192 。以此作为电压采样子函数 getVol 的返回值，在主程序中将采样值 ×3 作为最终值输出。

实验步骤

（1）建立一个新项目。

（2）建立新的工作空间“Test16”，建立新的工程“Project_ADC2”，添加 C 文件 TestADC2.c 到工程中，完成环境配置。

（3）在 TestADC2.c 文件中添加代码（见“相关代码”的内容）。

相关代码

```
/***************************************************************
文件名称：TestADC2.c
```

```
功    能：CC2530 系列片上系统基础实验——ADC（电源电压）
描    述：本实验使用 CC2530 系列片上系统，将 AD 的电源电压设为 1/3 电源电压输入，并将
        采集的电压值 ×3 得到电源电压值。采用单端转换模式，将相应的 ADC 转换后的电源
        电压值送到 PC 的串口调试助手上
硬件连接：同前实验
****************************************************************/
#include "ioCC2530.h"           // CC2530 的头文件
#include <string.h>
/****************************************************************/
//定义 LED 端口：P1.0、P1.1、P1.3、P1.4     定义按键接口：P1.2
#define LED1  P1_0              // P1_0 定义为 P1.0
#define LED2  P1_1              // P1_1 定义为 P1.1
#define LED3  P1_3              // P1_3 定义为 P1.3
#define LED4  P1_4              // P1_4 定义为 P1.4
#define SW1   P1_2              // P1_2 定义为 P1.2
#define uint unsigned  int      //定义 uint 数据类型为无符号 int
#define uchar unsigned  char    //定义 uchar 数据类型为无符号 char
/****************************************************************
函数名称：delay
功    能：软件延时
入口参数：无
出口参数：无
返 回 值：无
****************************************************************/
void delay(unsigned int time)
{
  unsigned int i;
  unsigned char j;
  for(i=0; i<time; i++)
  {
     for(j=0; j<240; j++)
     {
       asm("NOP");              //asm 是内嵌汇编，NOP 是空操作，执行一个指令周期
       asm("NOP");
       asm("NOP");
     }
   }
}
/****************************************************************
函数名称：initIO
功    能：初始化系统 IO
入口参数：无
出口参数：无
返 回 值：无
****************************************************************/
void initIO(void)
{
  P1SEL &=~0x1F;           //设置 LED1~LED4、SW1 为普通 I/O 口
```

```
    P1DIR |=0x1B ;          //设置 LED1~LED4 为输出
    P1DIR &=~0x04;          //SW1 按键在 P1.2，设定为输入
    LED1=0;                 //LED1~LED4 赋值 0，输出低电平到对应引脚，灭 LED
    LED2=0;
    LED3=0;
    LED4=0;
}
/************************************************************
函数名称：init UART0
功    能：初始化系统 UART0
入口参数：无
出口参数：无
返 回 值：无
************************************************************/
void initUART0(void)
{
    /*片内外设引脚位置采用上电复位默认值，即 PERCFG 寄存器采用默认值*/
    PERCFG=0x00;        //UART0 的 I/O 位置为备用位置 1
    P0SEL=0x3c;         //P0 口用作串口，P0.2、P0.3、P0.4、P0.5 作为片内外
                        //设 I/O
    U0BAUD=216;         //配置波特率
    U0GCR=10;
    U0CSR |=0x80;       //UART 模式
    U0UCR |=0x80;       //进行 USART 清除
    URX0IE=1;           //使能 UART0 RX 中断
    UTX0IF=0;           //清零 UART0 TX 中断标志
    EA=1;               //使能全局中断
}
/************************************************************
函数名称：UART0SendByte
功    能：UART0 发送 1 字节
入口参数：c
出口参数：无
返 回 值：无
************************************************************/
void UART0SendByte(unsigned char c)
{
    U0DBUF=c;           //将要发送的 1 字节数据写入 U0DBUF（串口 0 收发缓冲器）
    while (!UTX0IF);    //等待 TX 中断标志，即 U0DBUF 就绪
    UTX0IF=0;           //清零 TX 中断标志
}
/************************************************************
函数名称：UART0SendString
功    能：UART0 发送 1 个字符串
入口参数：无
出口参数：无
返 回 值：无
************************************************************/
```

```
void UART0SendString(unsigned char *str)
{
  while(1)
  {
    if(*str=='\0')
    break;                           //遇到结束符，退出
    UART0SendByte(*str++);           //发送 1 字节
  }
}
/************************************************************
函数名称：getVol
功    能：实现对芯片电压的采样值的 A/D 转换，获得对应数字量
入口参数：无
出口参数：无
返 回 值：芯片电源电压值数字量
************************************************************/
float getVol(void)
{
   signed short value;                //申请一个 16 位整数变量
   ADCCON3=(0x3F);  //选择内部 1.25V 为参考电压；12 位分辨率；对 AVDD5/3 采样
   ADCCON1 |=0x30;                    //选择 ADC 的启动模式为手动
   ADCCON1 |=0x40;                    //启动 A/D 转换
   while(!(ADCCON1 & 0x80));          //等待 ADC 转换结束
   value=ADCL>>2;
   //参见附录中表 F-1 、F-2，将十六进制 A/D 采样值转换成数值量保存到变量 value 中
   value |=((int)ADCH<<6);            //8 位转为 16 位，后补 6 个 0，取得
                                      //最终转换结果，存入 value 中
   if(value<0)
   value=0;                           //若 value<0，就认为它为 0
   return ((value * 1.25) /8192);  //根据公式计算出 AVDD5/3 值
}
/************************************************************
函数名称：main
功    能：main 函数入口
入口参数：无
出口参数：无
返 回 值：无
************************************************************/
void main(void)
{
  initIO();                           //调用初始化 IO 函数
  CLKCONCMD &=0x80;                   //时钟速度设置为 32 MHz
  initUART0();                        //UART0 初始化

  /********* 以下代码采集 AVDD5/3 值并处理 **********/
  float tempVol;
  char output[]="";
  UART0SendString("测试 CC2530 的电源电压！\r\n");
   while(1)
```

```
    {
        LED1=1;                    //LED 亮，开始采集并发往串口
        tempVol=getVol()*3;
        /*根据监测到的实际供电电压*/
        sprintf(output,(char *)"%.1fV \r\n",tempVol);
        UART0SendString(output);
        LED1=0;                    //LED 熄灭，表示转换结束
        delay(5000);
        delay(5000);
    }
}
```

拓展练习

（1）用定时器 T1 控制主程序中的每 1s 显示一次，去除延时子函数。

（2）串口发命令采样片内温度或电源电压上传 PC 串口。

思考题

电压采样值的转换和片内温度的采样值转换，采用了完全不同的方式，为什么？

提示：不同的采样数据源的采样值的转换方式、转换公式不同。片内温度的采样数据具有特殊性，是利用无符号字符的最高位溢出的原理转换的（该算法涉及硬件原理，比较复杂，在此不做讨论），电压数据转换属于常规的比例转换法。后续的温湿度传感器的转换也是不同的。

6.4 ADC 通用通道采样

片内温度采样和电源电压采样都是 ADC 采样的特殊输入采样值。ADC 采样的常规采样是使用端口 P0 引脚的接入信号用作 ADC 输入，这些端口引脚指对应 P0 的 P0.0~P0.7 引脚的 AIN0~AIN7 引脚，同时可以接 8 路单端输入信号或者 4 路差分输入信号采样。本实验板常规接入一路单端采样传感器，接入引脚为 P0.0 对应 ADC 采样的 0 通道。

6.4.1 ADC 的 0 通道采样应用

这里使用光敏传感器采样作为 ADC 输入信号。光敏传感器及其实验板安装如图 6-5、图 6-6 所示。ADC 采样寄存器配置在后续实验中介绍。

图 6-5　光敏传感器安装示意图

图 6-6　光敏传感器实验板安装示意图

6.4.2 ADC 的多通道采样应用

多通道的 ADC 采样最多能接 8 个单端通道或者 4 个差分通道，需要在安装传感器的接口上，安装一个多通道的转换板卡，然后在转换板卡上接入采样信号。例如：4 通道扩展，如图 6-7、图 6-8 所示。

图 6-7 4 通道转换板卡

图 6-8 安装 4 通道转换板卡的实验板

实验 17 传感器模拟量采样——通道 0

实验目的

熟悉 CC2530 芯片 ADC 模 / 数转换的配置及使用方法，实现通过 P0 口 I/O 通道的获取外接传感器的 ADC 采样值，并发送 PC 串口显示。

实验内容

编写 IAR 程序，采样光敏传感器接入信号的值，通过串口送 PC 串口调试小助手显示，如图 6-9 所示。注意采样值中间的变化，值的变化是通过对光敏传感器的覆盖改变光照引起的。

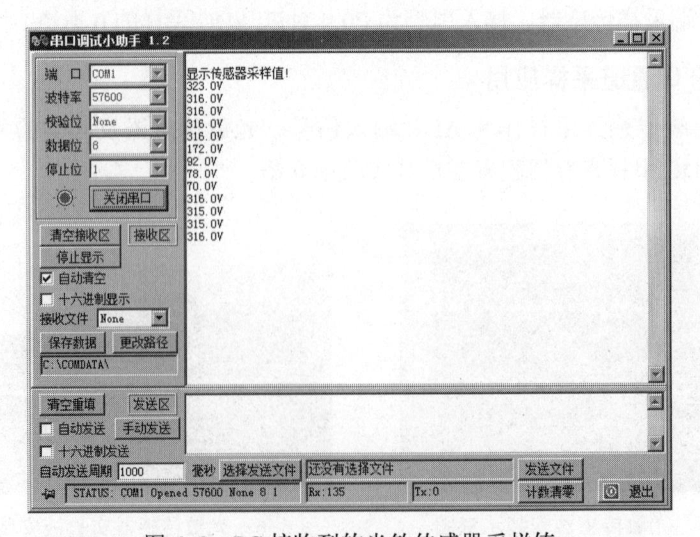

图 6-9 PC 接收到的光敏传感器采样值

实验原理

接入光敏传感器作为 ADC 的 0 通道输入，在采样子程序中，配置 AD 采样初始化如下：

1. 使能模拟量采样 I/O

要配置一个端口 0 引脚为一个 ADC 输入，APCFG 寄存器（参见附录中表 A-15）中相应的位必须设置为 1。这个寄存器的默认值选择端口 0 引脚为非 ADC 输入，即数字开关量输入 / 输出。

```
指令为：APCFG|=0x01;                // 使能模拟量 I/O
```

2. 配置 P0.0 为外设功能、输入状态

```
指令为：P0SEL|=0x01;                // 置 P0.0 位为外设功能
       P0DIR&=~0x01;               // 置 P0.0 为输入
```

3. AD 采样应用采样中断标志表示采样结束，开始需要清中断标志位

```
指令为：ADCIF=0;                    // 清 ADC 中断标志
```

4. 配置 ADCCON3 寄存器

采用基准电压 avdd5:3.3V，通道 0，启动 A/D 转换，参见附录中表 F-5，配置 d7d6 位为 10，选择 AVDD5 引脚；配置 d5d4 位为 01，选择 128 抽取率（9 位 ENOB）；配置 d3:d0 位为 0000 对应 0 通道。

```
指令为：ADCCON3=(0x80|0x10|0x00);
```

5. 采样值转换处理过程类同实验 16

当前采样模式转换结果在 ADCH：ADCL 对应位置，不需要移位处理。采样子函数 get_adc 中，采样获得的值在变量 value 中是一个十六进制的数，0 表示 0 V，32 768 表示 3.3 V，所以采样值的转换公式为：电压值 = (value × 3.3)/32 768(V)。以此作为电压采样子函数 getVol 的返回值。

实验步骤

（1）建立一个新项目。

（2）建立新的工作空间“Test17”，建立新的工程“Project_ADC3”，添加 C 文件 TestADC3.c 到工程中，完成环境配置。

（3）在 TestADC3.c 文件中添加代码（见“相关代码”的内容）。

相关代码

```
/******************************************************************
文件名称：TestADC3.c
功    能：CC2530 系列片上系统基础实验——ADC（光敏传感器采样电压值）
描    述：本实验使用 CC2530 系列片上系统，将采样光敏传感器接入信号的值，通过串口送 PC
          串口调试小助手显示，采用单端转换模式
硬件连接：同前实验
#include "ioCC2530.h"          //CC2530 的头文件
******************************************************************/
#include <string.h>
```

```
/***************************************************************/
// 定义 LED 端口：P1.0、P1.1、P1.3、P1.4    定义按键接口：P1.2
#define LED1  P1_0              // P1_0 定义为 P1.0
#define LED2  P1_1              // P1_1 定义为 P1.1
#define LED3  P1_3              // P1_3 定义为 P1.3
#define LED4  P1_4              // P1_4 定义为 P1.4
#define SW1   P1_2              // P1_2 定义为 P1.2
#define uint unsigned  int      // 定义 uint 数据类型为无符号 int
#define uchar unsigned  char    // 定义 uchar 数据类型为无符号 char
typedef  signed  short  int16;
typedef  unsigned  short  uint16;
typedef  signed  long  int32;
typedef  unsigned  long  uint32;
/***************************************************************
函数名称：delay
功    能：软件延时
入口参数：无
出口参数：无
返 回 值：无
***************************************************************/
void delay(unsigned int time)
{
  unsigned int i;
  unsigned char j;
  for(i=0; i<time; i++)
  {
     for(j=0; j<240; j++)
     {
       asm("NOP");          //asm 是内嵌汇编，NOP 是空操作，执行一个指令周期
       asm("NOP");
       asm("NOP");
     }
  }
}
/***************************************************************
函数名称：initIO
功    能：初始化系统 IO
入口参数：无
出口参数：无
返 回 值：无
***************************************************************/
void initIO(void)
{
  P1SEL&=~0x1F;             //设置 LED1~LED4、SW1 为普通 I/O 口
  P1DIR|=0x1B ;             //设置 LED1~LED4 为输出
  P1DIR&=~0x04;             //SW1 按键在 P1.2，设定为输入
  LED1=0;                   //LED1~LED4 赋值 0，输出低电平到对应引脚，灭 LED
  LED2=0;
```

```
  LED3=0;
  LED4=0;
}
/***********************************************************
函数名称：init UART0
功    能：初始化系统 UART0
入口参数：无
出口参数：无
返 回 值：无
***********************************************************/
void initUART0(void)
{
  /* 片内外设引脚位置采用上电复位默认值，即 PERCFG 寄存器采用默认值 */
  PERCFG=0x00;           //UART0 的 I/O 位置为备用位置 1
  P0SEL=0x3c;            //P0 用作串口，P0.2、P0.3、P0.4、P0.5 作为片内外设 I/O
  U0BAUD=216;            //配置波特率
  U0GCR=10;
  U0CSR |=0x80;          //UART 模式
  U0UCR |=0x80;          //进行 USART 清除
  URX0IE=1;              //使能 UART0 RX 中断
  UTX0IF=0;              //清零 UART0 TX 中断标志
  EA=1; // 使能全局中断
}
/***********************************************************
函数名称：UART0SendByte
功    能：UART0 发送 1 字节
入口参数：c
出口参数：无
返 回 值：无
***********************************************************/
void UART0SendByte(unsigned char c)
{
  U0DBUF=c;              // 将要发送的 1 字节数据写入 U0DBUF(串口 0 收发缓冲器)
  while(!UTX0IF);        // 等待 TX 中断标志，即 U0DBUF 就绪
  UTX0IF=0;              // 清零 TX 中断标志
}
/***********************************************************
函数名称：UART0SendString
功    能：UART0 发送 1 个字符串
入口参数：无
出口参数：无
返 回 值：无
***********************************************************/
void UART0SendString(unsigned char *str)
{
  while(1)
  {
    if(*str=='\0')
```

```
      break;                          //遇到结束符，退出
      UART0SendByte(*str++);          //发送1字节
    }
}
/***************************************************************
函数名称：adc_Init
功    能：进行A/D 转换初始化
入口参数：无
出口参数：无
返 回 值：无
***************************************************************/
void  adc_Init(void)
{
  APCFG |=0x01;                       //使能P0.0通道模拟I/O模式
  P0SEL |=0x01;                       //置P0.0位为外设功能
  P0DIR &=~0x01;                      //置P0.0位为输入方式
}
/***************************************************************
函数名称：get_adc
功    能：读取A/D值
入口参数：无
出口参数：16位电压值，分辨率为10 mV
***************************************************************/
uint16 get_adc(void)
{
  uint32  value;                      //申请无符号32位整数变量
  adc_Init();                         //ADC初始化

  ADCIF=0;                            //清ADC 中断标志
                                      //采用基准电压avdd5:3.3V，通道0，128抽取率
                                      //(9位ENOB)，启动A/D转换
  ADCCON3=(0x80|0x10|0x00);

  while(!ADCIF);                      //等待A/D转换结束
  value=ADCH;
  value=value<< 8;
  value |=ADCL;
  // A/D值转化成电压值
  // 0表示 0V ，32768 表示 3.3V
  //电压值=(value×3.3)/32768 (V)
  value=(value * 330);
  value=value>>15;                    //除以32768，用移位代替除法，是优化算法
                                      //返回分辨率为0.01V的电压值
  return (uint16)value;
}
/***************************************************************
函数名称：main
```

```
功    能：main 函数入口
入口参数：无
出口参数：无
返 回 值：无
****************************************************************/
void main(void)
{
    initIO();                    // 调用初始化 IO 函数
    CLKCONCMD &=0x80;            // 时钟速度设置为 32MHz
    initUART0();                 // UART0 初始化

    /********* 以下代码是针对传感器的 ADC 采样及输出串口显示处理 **********/
    float tempVol;
    uchar output[]="";
    UART0SendString("\r\n 显示传感器采样值！\r\n");
    while(1)
    {
        LED2=1;                  //LED 亮，开始采集并发往串口
        tempVol=get_adc();
        /* 根据监测到的实际供电电压 */
        sprintf(output,(char *)"%.1fV \r\n",tempVol);
        UART0SendString(output);
        LED2=0;                  //LED 熄灭，表示转换结束
        delay(1000);
        delay(1000);
    }
}
```

拓展练习

(1) 用定时器 T1 控制主程序中的每 1s 显示一次，去除延时子函数。

(2) 串口发命令 1#,2#,3# 分别将采样的片内温度、电源电压、传感器采样值上传 PC 串口。

思考题

如果通道 1 接入传感器采样，修改哪些传感器参数？如果采样多通道转接卡，如何实现多通道采样？

8 通道采样设计提示：

(1) 初始化 adc_Init 函数需要将 8 个通道都配置上。

```
指令为：APCFG |=0xFF;          // 使能 P0.0~P0.7 通道模拟 I/O 模式
        P0SEL |=0xFF;          // 置 P0.0~P0.7 位为外设功能
        P0DIR &=~0xFF;         // 置 P0.0~P0.7 位为输入
```

(2) 每个通道转换之前，需要配置 ADCCON3 对应通道参数，get_adc8 表示 8 通道采样函数名称，程序修改如下：

```
uint16 get_adc8(int  n )
{
```

```
    uint32  value;
    ADCIF=0;                  //清 ADC 中断标志
    //采用基准电压 avdd5:3.3V，通道 n，128 位抽取率，启动 A/D 转换
    if(n==0)
      ADCCON3=(0x80|0x10|0x00);
    if(n==1)
      ADCCON3=(0x80|0x10|0x01);
    if(n==2)
      ADCCON3=(0x80|0x10|0x02);
    if(n==3)
      ADCCON3=(0x80|0x10|0x03);
    if(n==4)
      ADCCON3=(0x80|0x10|0x04);
    if(n==5)
      ADCCON3=(0x80|0x10|0x05);
    if(n==6)
      ADCCON3=(0x80|0x10|0x06);
    if(n==7)
      ADCCON3=(0x80|0x10|0x07);

    while ( !ADCIF );         //等待 A/D 转换结束

    value=ADCH;
    value=value<<8;
    value|=ADCL;

    // A/D 值转换成电压值
    // 0 表示 0V ，32768 表示 3.3V
    // 电压值 =(value×3.3)/32768 (V)
    value=(value * 330);
    value=value>>15;           //除以 32768
    //返回分辨率为 0.01V 的电压值
    return(uint16)value;
}
```

6.5 ADC 开关量采样

所谓开关量，就是信号值只有开和关两种状态。一般默认开是 1，关是 0。但是这只需要一个约定，相反也是可以的。开关量的采集和输入控制都很简单，只有 1 和 0 两种值，通常用于只需要两种状态的位置。例如：继电器、灯（LED 等）、报警器等，只有开 on 或者关 off 两种状态。

当前实验板默认将开关量传感器的接线连接在 P0.1 引脚，实验箱配置一个人体传感器（见图 6-10）作为开关量的采集，继电器作为开关量的输出控制。人体传感器安装示意图如图 6-11 所示。

图 6-10　人体传感器外形

图 6-11　人体传感器安装示意图

实验 18　传感器开关量采样

实验目的

熟悉 CC2530 芯片 ADC 模 / 数转换的配置及使用方法；掌握 ADC 采样 P0.1 通道接入传感器，获取开关量采样值，发送 PC 串口调试小助手显示的方法。

实验内容

编写 IAR 程序，采样人体传感器接入信号的值，通过串口送 PC 串口调试小助手显示，如图 6-12 所示，注意采样值中间的变化，值的变化是通过对人体传感器的人为靠近或离开改变引起的。

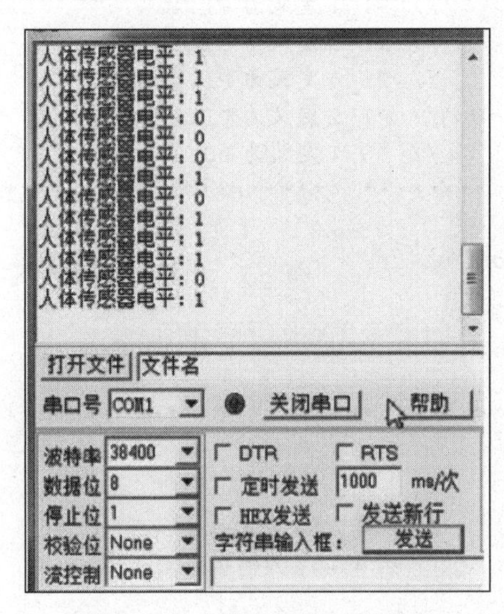

图 6-12　人体传感器采样数据

实验原理

接入人体传感器作为 ADC 的 1 通道的输入，在采样子程序中，配置 ADC 采样初始化如下：

（1）初始化定义变量 signal 对应 P0.1。

```
#define signal P0_1 // P0_1 定义为 P0.1
```

（2）在主程序中直接输入采集的 P0.1 的值。

实验步骤

（1）建立一个新项目。

（2）建立新的工作空间“Test18”，建立新的工程“Project_ADC4”，添加 C 文件 TestADC4.c 到工程中，完成环境配置。

（3）在 TestADC4.c 文件中添加代码（见“相关代码”的内容）。

相关代码

```
/*****************************************************************
文件名称：TestADC4.c
功    能：CC2530 系列片上系统基础实验——ADC（人体传感器采样电压值）
描    述：本实验使用 CC2530 系列片上系统，将采样人体传感器接入信号的值通过串口送 PC
         串口调试小助手显示
硬件连接：同前实验
*****************************************************************/
#include "ioCC2530.h"
/*****************************************************************/
//定义 LED 端口：P1.0、P1.1、P1.3、P1.4     定义按键接口：P1.2
#define LED1   P1_0      // P1_0 定义为 P1.0
#define LED2   P1_1      // P1_1 定义为 P1.1
#define LED3   P1_3      // P1_3 定义为 P1.3
#define LED4   P1_4      // P1_4 定义为 P1.4
#define SW1    P1_2      // P1_2 定义为 P1.2
#define signal  P0_1     // P0_1 定义为 P0.1
/*****************************************************************
函数名称：main
功    能：main 函数入口
入口参数：无
出口参数：无
返 回 值：无
*****************************************************************/
void main(void)
{
    P1SEL &=~(0x1F);   // 设置 LED 为普通 I/O 口
    P1DIR |=0x1B ;     // 设置 LED 为输出

    //P0.1 通道配置为 I/O 输入
    P0SEL &=~(0x02);   //P0.1 口为普通 I/O 口
    P0DIR &=~(0x02);   //P0.1 口为输入
    while(1)
    {
      if(signal)
      {
```

```
      LED1=1;          //高电平点亮
      LED2=1;
    }
    else
    {
      LED1=0;
      LED2=0;
    }
  }
}
```

拓展练习

修改程序：

（1）如果 signal 信号为 1，点亮 LED2，并上传“有人”到 PC。

（2）如果 signal 信号为 0，熄灭 LED2，并上传“无人”到 PC。

思考题

如果采样 8 通道开关量，假设接在 P0 口，如何编码实现采样？

第7章 CC2530其他应用

CC2530单片机除了基础的I/O（输入/输出）、中断、串口、ADC采样应用功能以外，还有看门狗定时器应用、睡眠定时器应用、功耗模式配置应用等常用功能。

7.1 看门狗定时器

当单片机程序运行进入异常死循环的情况下（可能是由于程序逻辑有漏洞或者受到外界信号干扰造成标志位异常），需要用看门狗使其复位重新开始。

看门狗工作原理：在系统运行以后也就启动了看门狗的计数器，看门狗就开始自动计数，如果到了一定的时间还没有清除看门狗标志，那么看门狗计数器就会溢出从而引起看门狗中断，造成系统自动复位，程序重新从头开始执行。看门狗的作用就是防止程序发生死循环，或者说程序跑飞。在智能仪器仪表程序中，一般都有看门狗。

看门狗的配置非常简单，分为放狗和喂狗两部分。放狗就是看门狗初始化，一般放在主程序的死循环前面，喂狗代码放在合适的位置，要保证程序正常执行的时候在看门狗设置的时间内被执行到，这样就不会触发看门狗中断发生。

CC2530看门狗定时器（WDT）有两种工作模式：看门狗模式和定时器模式。

看门狗定时器的特性如下：

（1）4个可选的定时器间隔；

（2）看门狗模式；

（3）定时器模式；

（4）在定时器模式下产生中断请求。

WDT寄存器可以配置为一个看门狗定时器或一个通用定时器。WDT模块的运行由WDCTL寄存器控制（参见附录中表G-1）。WTD包括1个15位计数器，它的频率由32 kHz时钟源规定。

注意：用户不能获得15位计数器的内容，在所有供电模式下，15位计数器的内容保留，且当重新进入主动模式，WDT继续计数。

7.1.1 看门狗模式

在系统复位之后，WDT 就被禁用。要设置 WDT 为看门狗模式，就必须设置 WDCTL.MODE 的 [1:0] 位为 10（参见附录中表 G-1）。然后 WDT 计数器从 0 开始递增。在看门狗模式下，一旦定时器使能，就不可以禁用定时器，因此，如果 WDT 位已经运行在看门狗模式下，再往 WDCTL.MODE[1:0] 写入 00 或 10 就不起作用了。WDT 运行在一个频率为 32.768 kHz（当使用 32 kHz XOSC）的 WDT 时钟上。这个时钟频率的超时期限等于 1.9 ms、15.625 ms、0.25 s 和 1 s，分别对应 64、512、8 192 和 32 768 的计数值设置。如果计数器达到选定定时器的间隔值，看门狗定时器就为系统产生一个复位信号。

如果在计数器达到选定定时器的间隔值之前，执行了一个看门狗清除序列，计数器就复位到 0，并继续递增。看门狗清除序列包括在一个看门狗时钟周期内，写入 0xA 到 WDCTL.CLR[3:0]，然后写入 0x5 到同一个寄存器位。如果这个序列没有在看门狗周期结束之前执行完毕，看门狗定时器就为系统产生一个复位信号，如图 7-1 所示。

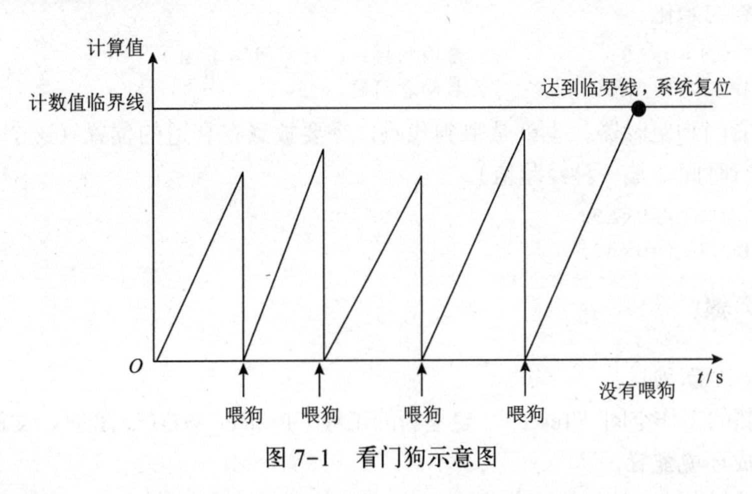

图 7-1　看门狗示意图

在看门狗模式下，WDT 使能，不能通过写入 WDCTL.MODE[1:0] 位改变这个模式，且定时器间隔值也不能改变。在看门狗模式下，WDT 不会产生一个中断请求。

7.1.2 定时器模式

要在一般定时器模式下设置 WDT，必须把 WDCTL.MODE[1:0] 位设置为 11。定时器开始定时，且计数器从 0 开始递增。当计数器达到选定间隔值，定时器将产生一个中断请求（参见附录中表 B-3、表 B-8）。

在定时器模式下，可以通过写入 1 到 WDCTL.CLR[0] 来清除定时器内容。当定时器被清除，计数器的内容就置为 0。写入 00 或 01 到 WDCTL.MODE[1:0] 来停止定时器，并清除它为 0。

定时器间隔由 WDCTL.INT[1:0] 位设置。在定时器操作期间，定时器间隔不能改变，且当定时器开始时必须设置。在定时器模式下，当达到定时器间隔时，不会产生复位。

注意：如果选择了看门狗模式，定时器模式不能在芯片复位之前选择。

实验 19 看门狗模式应用

实验目的

熟悉 CC2530 芯片寄存器的配置及使用方法，理解看门狗模式。

实验内容

编写 IAR 程序，设计看门狗定时器运行在看门狗模式，超时 1 s 没有喂狗，系统自动复位，LED1 间隔为 1 s 不断亮灭；若喂狗，则 LED1 一直点亮。

实验原理

看门狗模式寄存器配置如下：

（1）看门狗初始化。

```
指令为：WDCTL=0x00;          //看门狗模式，时间间隔 1 s
        WDCTL |=0x08;        //启动看门狗，d3=1
```

（2）清零看门狗定时器，也就是喂狗代码，需要放置在合适的位置（这个位置的设计需要估计程序运行时间，是一种经验值）。

```
指令为：WDCTL |=0xA0;
        WDCTL |=0x50;
```

实验步骤

（1）建立一个新项目。

（2）建立新的工作空间“Test19”，建立新的工程“Project_WD1”，添加 C 文件 TestWDT1.c 到工程中，完成环境配置。

（3）在 TestWDT1.c 文件中添加代码（见“相关代码”的内容）。

相关代码

```
/*********************************************************************
文件名称：TestWDT1.c
功    能：CC2530 系列片上系统基础实验——看门狗应用，看门狗定时器运行在定时模式，采
          样中断方式，每 1s 闪烁 LED1
描    述：本实验使用 CC2530 系列片上系统实现看门狗应用
硬件连接：同前实验
*********************************************************************/
#include "ioCC2530.h"
/*********************************************************************/
//定义 LED 端口：P1.0、P1.1、P1.3、P1.4    定义按键接口：P1.2
#define LED1   P1_0        // P1_0 定义为 P1.0
#define LED2   P1_1        // P1_1 定义为 P1.1
#define LED3   P1_3        // P1_3 定义为 P1.3
#define LED4   P1_4        // P1_4 定义为 P1.4
```

```
#define SW1    P1_2      // P1_2定义为P1.2
/*************************************************************
函数名称：delay
功    能：软件延时
入口参数：无
出口参数：无
返 回 值：无
*************************************************************/
void delay(unsigned int time)
{
  unsigned int i;
  unsigned char j;
  for(i=0; i<time; i++)
  {
    for(j=0; j<240; j++)
    {
      asm("NOP");     //asm是内嵌汇编，NOP是空操作，执行一个指令周期
      asm("NOP");
      asm("NOP");
    }
  }
}
/*************************************************************
函数名称：initIO
功    能：初始化系统IO
入口参数：无
出口参数：无
返 回 值：无
*************************************************************/
void initIO(void)
{
  P1SEL &=~0x1F;          //设置LED1~LED4、SW1为普通I/O口
  P1DIR |=0x1B ;          //设置LED1~LED4为输出
  P1DIR &=~0x04;          // SW1按键在 P1.2，设定为输入
  LED1=0;                 // LED1~LED4赋值0，输出低电平到对应引脚，灭LED
  LED2=0;
  LED3=0;
  LED4=0;
}
/*************************************************************
函数名称：watchdog_Init
功    能：看门狗初始化
入口参数：无
出口参数：无
返 回 值：无
*************************************************************/
void watchdog_Init(void)
{
  WDCTL=0x00;                     //看门狗模式，时间间隔1s
```

```
  WDCTL |=0x08;                  //启动看门狗
}
/************************************************************
函数名称：FeedWD
功    能：喂狗
入口参数：无
出口参数：无
返 回 值：无
************************************************************/
void FeedWD(void)
{
  WDCTL |=0xA0;
  WDCTL |=0x50;
}
/************************************************************
函数名称：main
功    能：main 函数入口
入口参数：无
出口参数：无
返 回 值：无
************************************************************/
void main(void)
{
  initIO();                  //调用初始化 IO 函数
  CLKCONCMD &=0x80;          //时钟速度设置为 32 MHz

  watchdog_Init();
  delay(1000);               //延时短，会出现什么情况
  LED2=1;                    //点亮 LED2
  while(1)
  {
//喂狗指令（加入后系统不复位，小灯不闪烁；若注释此命令，则系统不断复位，小灯每隔 1s
//左右闪烁一次）
    FeedWD();
    delay(1000);
    delay(1000);
  }
}
```

拓展练习

（1）修改程序：SW1 键按下一次 [外中断模式（实验 4）]，清除看门狗；SW1 键再按下一次，启动看门狗，观察效果。

（2）给跑马灯程序添加看门狗，再调整定时器（延时时间超过 1 s），观察看门狗效果。

思考题

（1）主程序中延时时间过长（远大于 1 s），会出现什么后果？

（2）为什么需要在程序中加入看门狗？

（3）如何确定看门狗的时间间隔？是否可以精确确定？

实验 20 看门狗定时器模式应用

实验目的

熟悉 CC2530 芯片寄存器的配置及使用方法，理解看门狗定时器模式。

实验内容

编写 IAR 程序，设计看门狗定时器运行在定时器模式，采用中断方式，每 1 s 切换一次 LED1 亮灭。

实验原理

看门狗定时器如果不需要作为看门狗使用，则可以作为定时器使用。看门狗定时器模式寄存器配置如下：

（1）看门狗定时器模式初始化。

```
指令为：WDCTL=0x00;                 //时间间隔 1 s
       WDCTL |=(0x03<<2);          //定时器模式
       IEN2 |=(0x01<<5);           //WDTIE=1 看门狗定时器（定时器模式）中断使能
                                   //此中断标志位不支持位操作
```

（2）看门狗定时中断服务程序框架。

```
#pragma vector=WDT_VECTOR          //看门狗中断地址为 WDT
__interrupt void WDT_ISR(void)
{
  EA=0;                            //关闭全局中断
  LED1=!LED1;                      //LED1 闪烁
  WDTIF=0;                         //或 IRCON2 &=~0x10；清零看门狗定时器中断标志
  EA=1;                            //使能全局中断
}
```

实验步骤

（1）建立一个新项目。

（2）建立新的工作空间“Test20”，建立新的工程“Project_WD2”，添加 C 文件 TestWDT2.c 到工程中，完成环境配置。

（3）在 TestWDT2.c 文件中添加代码（见“相关代码”的内容）。

相关代码

```
/****************************************************************
文件名称：TestWDT2.c
```

```
功    能：CC2530 系列片上系统基础实验——看门狗应用，看门狗定时器运行在定时器模式，
        采样中断方式，每 1 s 闪烁 LED1
描    述：本实验使用 CC2530 系列片上系统实现看门狗定时器模式应用
硬件连接：同前实验
***********************************************************/
#include "ioCC2530.h"
/***********************************************************/
// 定义 LED 端口：P1.0、P1.1、P1.3、P1.4     定义按键接口：P1.2
#define LED1   P1_0      // P1_0 定义为 P1.0
#define LED2   P1_1      // P1_1 定义为 P1.1
#define LED3   P1_3      // P1_3 定义为 P1.3
#define LED4   P1_4      // P1_4 定义为 P1.4
#define SW1    P1_2      // P1_2 定义为 P1.2
/***********************************************************
函数名称：systemClock_Init
功    能：系统时钟初始化
入口参数：无
出口参数：无
返 回 值：无
***********************************************************/
void systemClock_Init(void)
{
  unsigned char clkconcmd,clkconsta;
  CLKCONCMD &=0x80;
  /* 等待所选择的系统时钟源（主时钟源）稳定 */
  clkconcmd=CLKCONCMD;                   // 读取时钟控制寄存器 CLKCONCMD
  do
  {
    clkconsta=CLKCONSTA;                 // 读取时钟状态寄存器 CLKCONSTA
  } while(clkconsta !=clkconcmd);        // 直到选择的系统时钟源（主时钟
                                         // 源）已经稳定
}
/***********************************************************
函数名称：initIO
功    能：初始化系统 IO
入口参数：无
出口参数：无
返 回 值：无
***********************************************************/
void initIO(void)
{
  P1SEL &=~0x1F;            // 设置 LED1~LED4、SW1 为普通 I/O 口
  P1DIR |=0x1B;             // 设置 LED1~LED4 为输出
  P1DIR &=~0x04;            //SW1 按键在 P1.2，设定为输入
  LED1=0;                   //LED1~LED4 赋值 0，输出低电平到对应引脚，灭 LED
  LED2=0;
  LED3=0;
  LED4=0;
```

```
}
/************************************************************
函数名称：watchdog_Init
功    能：看门狗初始化
入口参数：无
出口参数：无
返 回 值：无
************************************************************/
void watchdog_Init(void)
{
  WDCTL=0x00;                 //时间间隔1s
  WDCTL |=(0x03<<2);          //定时器模式
  IEN2 |=(0x01<<5);           //WDTIE=1，看门狗定时器（定时器模式）中断使能
                              //此中断使能位不支持位操作
  EA=1;                       //使能全局中断
}
/************************************************************
函数名称：WDT_ISR
功    能：看门狗定时器（定时器模式）中断服务函数
入口参数：无
出口参数：无
返 回 值：无
************************************************************/
#pragma vector=WDT_VECTOR //看门狗中断地址是WDT
__interrupt void WDT_ISR(void)
{
  EA=0;                       //关闭全局中断
  WDTIF=0;                    //IRCON2 &=~0x10;//清零看门狗定时器中断标志
  LED1=!LED1;
  EA=1;                       //使能全局中断
}
/************************************************************
函数名称：main
功    能：main函数入口
入口参数：无
出口参数：无
返 回 值：无
************************************************************/
void main(void)
{
  systemClock_Init();         //系统时钟
  initIO ();                  //LED初始化
  watchdog_Init();            //看门狗初始化
  while(1);
}
```

拓展练习

用看门狗定时器设计跑马灯。

思考题

看门狗定时器与 T 系列定时器有什么异同点？

7.2 睡眠定时器与功耗模式

在实际应用中，CC2530 节点模块可以应用在供电不方便的位置，模块支持电池供电，因此对电源功耗的控制尤为重要。CC2530 系列有多种功耗模式，可以用来满足低功耗的应用。低功耗运行是通过不同的运行模式（供电模式）使能的。各种运行模式指的是主动模式、空闲模式，以及供电模式 1、供电模式 2 和供电模式 3（PM1~PM3）。超低功耗运行的实现通过关闭电源模块以避免静态（泄漏）功耗，还可通过使用门控时钟和关闭振荡器来降低动态功耗。

7.2.1 电源管理简介

CC2530 有 5 种不同的运行模式（供电模式），即称为主动模式、空闲模式、PM1、PM2 和 PM3。主动模式是一般模式，而 PM3 具有最低的功耗。不同供电模式对系统运行的影响见表 7-1。表 7-1 还给出了稳压器和振荡器选择。

表 7-1 不同供电模式对系统运行的影响

供电模式	高频振荡器 A：32 MHz XOSC B：16 MHz RCOSC	低频振荡器 C：32 kHz XOSC D：32 kHz RCOSC	稳压器（数字）
主动和空闲模式	A 或 B	C 或 D	ON
PM1	无	C 或 D	ON
PM2	无	C 或 D	OFF
PM3	无	无	OFF

主动模式：完全功能模式。稳压器的数字内核开启，16 MHz RC 振荡器或 32 MHz 晶振运行，或者两者都运行。32 kHz RCOSC、32 kHz XOSC 运行。

空闲模式：除了 CPU 内核停止运行（即空闲），其他和主动模式一样。

PM1 模式：稳压器的数字内核开启。32 MHz XOSC 和 16 MHz RCOSC 都不运行。32 kHz RCOSC 或 32 kHz XOSC 运行。复位、外部中断或睡眠定时器过期时系统将转到主动模式。

PM2 模式：稳压器的数字内核关闭。32 MHz XOSC 和 16 MHz RCOSC 都不运行。32 kHz RCOSC 或 32 kHz XOSC 运行。复位、外部中断或睡眠定时器过期时系统将转到主动模式。

PM3 模式：稳压器的数字内核关闭，所有的振荡器都不运行，复位或外部中断时系统将转到主动模式。

7.2.2 5 种运行模式

1．主动和空闲模式

主动模式是完全功能的运行模式，CPU、外设和 RF 收发器都是活动的。数字稳压器是开启的，主动模式用于一般操作。在主动模式下（SLEEPCMD.MODE=0x00）通过使能 PCON.IDLE 位，CPU 内核就停止运行，进入空闲模式。所有其他外设正常工作，且 CPU 内核将被任何使能的中断唤醒（从空闲模式转换到主动模式）。

主动和空闲模式特点：

（1）主动模式——完全清醒；

（2）空闲模式——清醒，但是 CPU 停止运行；

（3）主动模式通过代码设置进入空闲模式；

（4）CPU 内核停止执行，其他芯片内外部设备正常工作；

（5）CPU 内核将为任何使能的中断唤醒，回到主动模式。

2．PM1 模式

在 PM1 模式下，高频振荡器（32 MHz XOSC 和 16 MHz RCOSC）是掉电的，稳压器和使能的 32 kHz 振荡器是开启的。当进入 PM1 模式，就运行一个掉电序列。

PM1 模式特点：

（1）PM1 模式——有点瞌睡；

（2）高频振荡器断电；

（3）进入 PM1 模式执行一个断电序列；

（4）PM1 使用较快的上电/掉电序列，等待唤醒时间相对较短；

（5）<3 ms 的适合使用 PM1。

3．PM2 模式

PM2 具有较低的功耗，在 PM2 模式下的上电复位时刻，外部中断，所选的 32 kHz 振荡器和睡眠定时器外设是活动的，I/O 引脚保留在进入 PM2 之前设置的 I/O 模式和输出值，所有其他内部电路是掉电的，稳压器也是关闭的，当进入 PM2 模式，就运行一个掉电序列，当使用睡眠定时器作为唤醒事件，并结合外部中断时，一般就会进入 PM2 模式。相比较 PM1，当睡眠时间超过 3 ms 时，一般选择 PM2。比起使用 PM1，PM2 使用较少的睡眠时间不会降低系统功耗。

PM2 模式特点：

（1）PM2 模式——半睡半醒；

（2）仅实验者使能的 32 kHz 振荡器开启；

（3）比 PM1 功耗更低；

（4）>3 ms 选择 PM2。

4．PM3 模式

PM3 是用于获得最低功耗的运行模式。在 PM3 模式下，稳压器供电的所有内部电路都关闭（基本上是所有的数字模块，除了中断探测和 POR 电平传感），内部稳压器和所有振荡器也都关闭。复位（POR 或外部）和外部 I/O 端口中断是该模式下仅有的运行的功能，I/O

引脚保留进入 PM3 之前设置的 I/O 模式和输出值。复位条件或使能的外部 I/O 中断事件将唤醒设备，使它进入主动模式（外部中断从它进入 PM3 的地方开始，而复位返回到程序执行的开始），RAM 和寄存器的内容在这个模式下可以部分保留。PM3 使用和 PM2 相同的上电/掉电序列，当等待外部事件时，使用 PM3 获得超低功耗，当睡眠时间超过 3 ms 时应该使用该模式。

PM3 模式特点：

（1）PM3 模式——睡得很死；

（2）最低功耗；

（3）外中断部分工作；

（4）I/O 口中断时间唤醒，如果是外部中断唤醒，返回 PM3 重置前的程序处；如果是条件（复位）唤醒，返回到程序执行的开始处。

5. PM2 或 PM3 模式下数据的保留

在 PM2 或 PM3 模式下，大多数内部电路是断电的。但是 SRAM 和内部缓存器的内容是被保留的。除非在资料手册中另有说明（某些缓存器位域），CPU 暂存器、芯片内外部设备缓存器和 RF 缓存器都将保留它们的内容。切换到 PM2 或 PM3 模式对于软件来说是透明的。

注意：睡眠定时器的值在 PM3 模式下不被储存。

5 种运行模式转换图如图 7-2 所示。

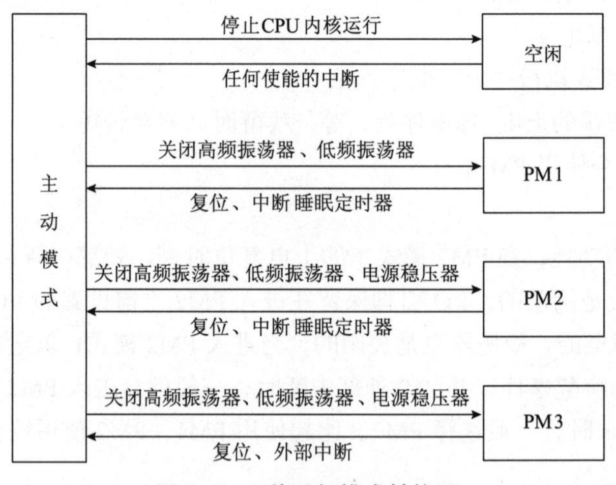

图 7-2　5 种运行模式转换图

7.2.3　功耗模式控制

供电的功耗模式通过使用 SLEEPCMD 控制寄存器的 MODE 位控制，设置 SFR 寄存器的 PCON.IDLE 位，进入 SLEEPCMD.MODE 所选的模式。参见附录中表 C-1、表 H-1。

来自端口引脚或睡眠定时器的使能的中断或上电复位，将从其他供电模式唤醒设备，使它回到主动模式。当进入 PM1、PM2 或 PM3，就运行一个掉电序列。当设备从 PM1、PM2 或 PM3 中出来，它在 16 MHz 开始，如果当进入供电模式设置了 PCON.IDLE 且 CLKCONCMD.OSC=0 时，自动变为 32 MHz。如果当进入供电模式设置了 PCON.IDLE 且 CLKCONCMD.OSC=1 时，它继续运行在 16 MHz。

涉及配置的寄存器有：SLEEPCMD、PCON、STLOAD、ST2、ST1、ST0 及已经学习过的外中断寄存器、时钟源控制寄存器，还需要访问 IRCON 寄存器 d7 位 STIF 睡眠中断标志位、IEN0 寄存器 d5 位的睡眠中断使能位 STIE。

1．供电模式寄存器配置（参见附录中表 H-1）

```
指令为：PCON=0x01;      //进入睡眠模式
        PCON=0x00;      //通过中断唤醒系统，清零进入主动模式
```

2．睡眠模式控制寄存器配置（参见附录中表 C-1）

```
指令为：SLEEPCMD &=0xFC;
        SLEEPCMD|=0x03;   //进入供电模式 3
```

3．时间寄存器配置（参见附录中表 H-4、表 H-5、表 H-6）

（1）申请睡眠计数变量（大于 3 字节）。

```
指令为：unsigned  long  sleeptime=0;
```

（2）读取睡眠定时器的当前计数值到这个变量中。

```
指令为：sleeptime|=ST0;
        sleeptime|=(unsigned long)ST1<<8;
        sleeptime|=(unsigned long)ST2<<16;
```

（3）根据指定的睡眠时间 sec 计算出应设置的比较值。

```
指令为：Sleeptime+=((unsigned long)sec*(unsigned long)32753);
```

（4）将比较值写回睡眠定时器计数器。

```
指令为：while((STLOAD & 0x01)==0);   //等待允许加载新的比较值
        ST2=(unsigned char)(sleeptime>>16);
        ST1=(unsigned char)(sleeptime>>8);
        ST0=(unsigned char) sleeptime;
```

实验 21 睡眠定时器功耗模式实验

实验目的

熟悉 CC2530 芯片系统时钟源供电模式、外中断、定时中断的综合应用，以及各种功耗模式之间的切换。

实验内容

编写 IAR 程序，设计供电模式应用程序。

实验原理

系统初始化后处于主动模式，LED1 闪 5 次后进入空闲状态，2 s 后被睡眠定时器唤醒为主动模式；LED2 闪 5 次后进入 PM1，3 s 后被睡眠定时器唤醒为主动模式；LED3 闪 5 次后进入 PM2，4 s 后被睡眠定时器唤醒为主动模式，LED4 闪 5 次后进入 PM3，等待 SW1 键按下，触发外部中断，被唤醒为主动模式。这样周而复始地醒、工作、睡眠，如图 7-3 所示。

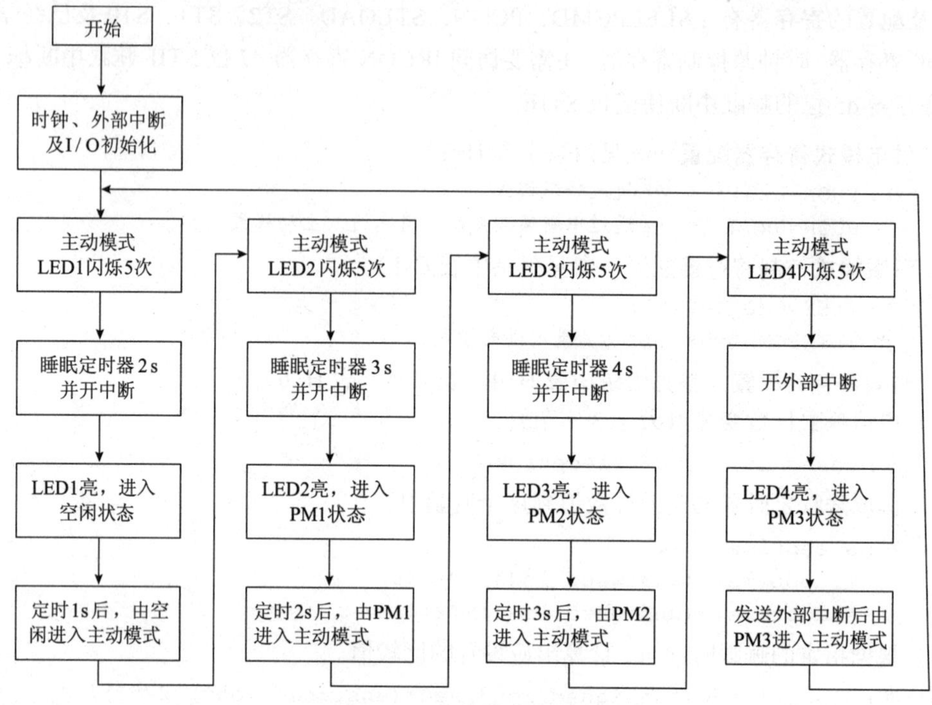

图 7-3　功能程序流程图

实验步骤

（1）建立一个新项目。

（2）建立新的工作空间“Test21”，建立新的工程“Project_Sleep1”，添加 C 文件 Sleep1.c 到工程中，完成环境配置。

（3）在 Sleep1.c 文件中添加代码（见“相关代码”的内容）。

相关代码

```
/**************************************************************************
文件名称：Sleep1.c
功    能：CC2530 系列片上系统基础实验——功耗模式选择（由睡眠定时器或外部中断唤醒）
描    述：让 CC2530 系列片上系统工作在各种功耗模式下
         主动模式 LED1 闪 5 次，进入空闲（IDLE）模式，睡眠定时器 2s 后唤醒（回到主动
         模式）
         主动模式 LED2 闪 5 次，进入 PM1 模式，睡眠定时器 3s 后唤醒（回到主动模式）
         主动模式 LED3 闪 5 次，进入 PM2 模式，睡眠定时器 4s 后唤醒（回到主动模式）
         主动模式 LED4 闪 5 次，进入  PM3 模式，点按 SW1 键，外部中断唤醒（回到主动模
         式）
硬件连接：同前实验
**************************************************************************/
#include "ioCC2530.h"
/**************************************************************************/
//定义 LED 端口：P1.0、P1.1、P1.3、P1.4：
```

```
#define LED1 P1_0      // P1_0 定义为 P1.0
#define LED2 P1_1      // P1_1 定义为 P1.1
#define LED3 P1_3      // P1_3 定义为 P1.3
#define LED4 P1_4      // P1_4 定义为 P1.4
#define SW1 P1_2       // P1_2 定义为 P1.2
// 定义系统时钟源（主时钟源）枚举类型
enum SYSCLK_SRC{XOSC_32MHz, RC_16MHz};
// 定义功耗模式枚举类型
enum POWERMODE{PM_IDLE=0, PM_1, PM_2, PM_3};
/***************************************************************
函数名称：SystemClockSourceSelect
功    能：选择系统时钟源（主时钟源）
入口参数：source
        XOSC_32MHz  32MHz 晶振
        RC_16MHz    16MHz RC 振荡器
出口参数：无
返 回 值：无
***************************************************************/
void  SystemClockSourceSelect(enum SYSCLK_SRC source)
{
  unsigned char clkconcmd,clkconsta;
  if(source==RC_16MHz)
  {
    CLKCONCMD &=0x80;
    CLKCONCMD |=0x49;                //01001001b
  }
  else if(source==XOSC_32MHz)
  {
    CLKCONCMD &=0x80;
  }
  //等待所选择的系统时钟源（主时钟源）稳定
  clkconcmd=CLKCONCMD;               //读取时钟控制寄存器 CLKCONCMD
  do
  {
    clkconsta=CLKCONSTA;             //读取时钟状态寄存器 CLKCONSTA
  } while(clkconsta !=clkconcmd);    //直到选择的系统时钟源
                                     //（主时钟源）已经稳定
}
/***************************************************************
函数名称：delay
功    能：软件延时
入口参数：无
出口参数：无
返 回 值：无
***************************************************************/
void  delay(unsigned int time)
{
  unsigned int i;
```

```
  unsigned char j;
  for(i=0; i<time; i++)
  {
    for(j=0; j<240; j++)
    {
      asm("NOP");      //asm是内嵌汇编，NOP是空操作，执行一个指令周期
      asm("NOP");
      asm("NOP");
    }
  }
}
/****************************************************************
函数名称：BlankLed
功    能：LED闪烁
入口参数：n（闪烁n次）
出口参数：无
返 回 值：无
****************************************************************/
void BlankLed(int n)
{
  int i;
  for(i=0;i<5;i++)
  switch(n)
    {
  case 1:
    LED1=0;
    delay(2000);
    LED1=1;
    delay(2000);
    break;
  case 2:
    LED2=0;
    delay(2000);
    LED2=1;
    delay(2000);
    break;
  case 3:
    LED3=0;
    delay(2000);
    LED3=1;
    delay(2000);
    break;
  case 4:
    LED4=0;
    delay(2000);
    LED4=1;
    delay(2000);
    break;
```

```
    }
}
/***************************************************************
函数名称：SetPowerMode
功    能：设置功耗模式
入口参数：pm
        PM_IDLE   空闲模式
        PM_1      功耗模式 PM1
        PM_2      功耗模式 PM2
        PM_3      功耗模式 PM3
出口参数：无
返 回 值：无
***************************************************************/
void SetPowerMode(enum POWERMODE pm)
{
  //选择功耗模式
  if(pm==PM_IDLE)              //空闲模式
  {
    SLEEPCMD &=~0x03;
  }
  else if(pm==PM_3)            //功耗模式 PM3
  {
    SLEEPCMD |=~0x03;
  }
  else                           //其他功耗模式，即功耗模式 PM1 或 PM2
  {
    SLEEPCMD &=~0x03;
    SLEEPCMD |=pm;
  }
  //进入所选择的功耗模式
  PCON |=0x01;
  asm("NOP");                  //空操作指令
}
/***************************************************************
函数名称：SetSleepTime
功    能：设置睡眠时间，即设置睡眠定时器的比较值。
入口参数：sec 为处于功耗模式 IDLE、PM1 或 PM2 的时间
出口参数：无
返 回 值：无
注    意：使用 32 MHz 晶振作为系统时钟源（主时钟源），32kHz RC 振荡器作为睡眠定时器
        的时钟源。根据 CC253x 系列片上系统的数据手册可知，32kHz RC 振荡器被校准在
        32.753kHz
***************************************************************/
void SetSleepTime(unsigned short sec)
{
  unsigned long sleeptime=0;
  //读取睡眠定时器的当前计数值
  sleeptime |=ST0;
```

```
    sleeptime |=(unsigned long)ST1<<8;
    sleeptime |=(unsigned long)ST2<<16;
    //根据指定的睡眠时间计算出应设置的比较值
    sleeptime +=((unsigned long)sec*(unsigned long)32753);
    //设置比较值
    while((STLOAD & 0x01)==0);     //等待允许加载新的比较值
    ST2=(unsigned char)(sleeptime>>16);
    ST1=(unsigned char)(sleeptime>>8);
    ST0=(unsigned char) sleeptime;
}
/*************************************************************
函数名称：initIO
功    能：初始化系统 IO，P1.2 按键外中断
入口参数：无
出口参数：无
返 回 值：无
*************************************************************/
void initIO()
{
    P1SEL &=~0x1F;           //设置 LED1、SW1 为普通 I/O 口
    P1DIR |=0x1B ;           //设置 LED1 为输出
    P1DIR &=~0X04;           //SW1 键在 P1.2，设定为输入
    LED1=0;                  //灭 LED1
    LED2=0;                  //灭 LED2
    LED3=0;                  //灭 LED3
    LED4=0;                  //灭 LED4
    PICTL &=~0x02;           //配置 P1 口的中断边沿为上升沿产生中断
    P1IFG &=~0x04;           //清除 P1.2 中断标志
    P1IF=0;                  //清除 P1 口中断标志
}

/*************************************************************
函数名称：P1INT_ISR
功    能：外部中断服务函数
入口参数：无
出口参数：无
返 回 值：无
*************************************************************/
#pragma vector=P1INT_VECTOR
__interrupt void  P1INT_ISR(void)
{
    EA=0;                    //关闭全局中断
    //若是 P1.2 产生的中断
    if(P1IFG & 0x04)
    {
        //等待用户释放按键，并消抖
        while(SW1==0);       //低电平有效
        delay(100);
```

```
    while(SW1==0);
    P1IFG &=~0x04;               //清除 P1.2 中断标志
    P1IF=0;                      //清除 P1 口中断标志
    P1IEN &=~0x04;               //禁止 P1.2 中断
    IEN2 &=~0x10;                //禁止 P1 口中断
  }
  EA=1;                          //使能全局中断
}
/**************************************************************
函数名称：ST_ISR
功    能：睡眠定时器中断服务函数
入口参数：无
出口参数：无
返 回 值：无
**************************************************************/
#pragma vector=ST_VECTOR         //睡眠中断地址 ST
__interrupt void ST_ISR(void)
{
  EA=0;                          //关全局中断
  STIF=0;                        //睡眠定时器中断标志清零
  STIE=0;                        //禁止睡眠定时器中断
  EA=1;                          //使能全局中断
}

/**************************************************************
函数名称：main
功    能：main 函数入口
入口参数：无
出口参数：无
返 回 值：无
**************************************************************/
void main(void)
{
  SystemClockSourceSelect(XOSC_32MHz);  // 选择 32MHz 主时钟源
  initIO();  //初始化 IO，按键中断
  EA=1;      //使能全局中断
  while(1)
  {
    //功耗模式：主动模式
    LED2=0;  //LED 灭
    LED3=0;
    LED4=0;

    BlankLed(1);  //LED1 闪烁 5 次

    //功耗模式：空闲模式
    SetSleepTime(2);               //设置睡眠时间为 2s
    STIF=0; //IRCON &=~0x80;       //清除睡眠定时器中断标志
```

```
    STIE=1; //IEN0 |=(0x01<<5);     // 使能睡眠定时器中断

    SetPowerMode(PM_IDLE);           // 进入空闲模式

    // 功耗模式：主动模式
    BlankLed(2);                     //LED2 闪烁 5 次

    // 功耗模式：PM1
    SetSleepTime(3);                 // 设置睡眠时间为 3s
    IRCON &=~0x80;                   // 清除睡眠定时器中断标志
    IEN0 |=(0x01<<5);                // 使能睡眠定时器中断
    SetPowerMode(PM_1);              // 进入功耗模式 PM1

    // 功耗模式：主动模式
    BlankLed(3);                     //LED3 闪烁 5 次

    // 功耗模式：PM2
    SetSleepTime(4);                 // 设置睡眠时间为 4s
    IRCON &=~0x80;                   // 清除睡眠定时器中断标志
    IEN0 |=(0x01<<5);                // 使能睡眠定时器中断
    SetPowerMode(PM_2);              // 进入功耗模式 PM2

    // 功耗模式：主动模式
    BlankLed(4);                     //LED4 闪烁 5 次

    // 功耗模式：PM3
    P1IEN |=0x04;                    // 使能 P1.2 中断
    IEN2 |=0x10;                     // 使能 P1 口中断
    SetPowerMode(PM_3);              // 进入功耗模式 PM3

    //PM3 外中断唤醒处
    LED1=0;
    LED2=0;
    LED3=0;
    LED4=0;
    BlankLed(2);
    BlankLed(4);
  }
}
```

拓展练习

修改程序：使用定时器 T1 代替延时。

思考题

外中断服务程序中，禁止了 P1.2 位中断和 P1 口中断，这样的效果如何？

提示：观察程序功能流程最后一个分支。

实验 22 外中断唤醒系统实验

实验目的

熟悉 CC2530 芯片系统时钟源供电模式、外中断、定时中断的综合应用，以及各种功耗模式之间的切换。

实验内容

编写 IAR 程序，设计供电模式应用程序，体验外部中断唤醒后，继续执行，再进入睡眠状态入口处的程序。

实验原理

系统初始化后处于主动模式：

（1）开始 LED1 闪烁 3~6 次（用定时器 T1 控制在 0.5~1 s 间隔）。

（2）之后自动进入睡眠模式，该命令的下一条是 LED4 亮，如果按 SW1 键唤醒，就会在 LED4 接着运行；如果按复位键也能唤醒系统，但是是从头开始运行。

实验步骤

（1）建立一个新项目。

（2）建立新的工作空间“Test22”，建立新的工程“Project_Sleep2”，添加 C 文件 Sleep2.c 到工程中，完成环境配置。

（3）在 Sleep2.c 文件中添加代码（见“相关代码”的内容）。

相关代码

```
/*****************************************************************
文件名称：Sleep2.c
功    能：CC2530 系列片上系统基础实验——外部中断唤醒睡眠模式
描    述：LED1 闪烁 3 次后进入睡眠状态，通过按下 S1 键产生外部中断进行唤醒，或者按复位
         键唤醒
硬件连接：同前实验
*****************************************************************/
#include "ioCC2530.h"
/*****************************************************************/
//定义 LED 端口
#define LED1  P1_0               // P1_0 定义为 P1.0
#define LED2  P1_1               // P1_1 定义为 P1.1
#define LED3  P1_3               // P1_3 定义为 P1.3
#define LED4  P1_4               // P1_4 定义为 P1.4
#define SW1   P1_2               // P1_2 定义为 SW1
unsigned int sleep_state=0;     //计数变量
```

```
typedef unsigned char uchar;
/**************************************************************
函数名称：delay
功    能：软件延时
入口参数：无
出口参数：无
返 回 值：无
**************************************************************/
void delay(unsigned int time)
{
  unsigned int i;
  unsigned char j;
  for(i=0; i<time; i++)
  {
    for(j=0; j<240; j++)
    {
    asm("NOP");                    //asm是内嵌汇编，NOP是空操作，执行一个指令周期
    asm("NOP");
    asm("NOP");
    }
 }
}
/**************************************************************
函数名称：initIO
功    能：初始化系统IO
入口参数：无
出口参数：无
返 回 值：无
**************************************************************/
void initIO(void)
{
   P1SEL &=~0x1F;       //设置LED1~LED4、SW1为普通I/O口
   P1DIR |=0x1B ;       //设置LED1~LED4为输出
   P1DIR &=~0x04;       //SW1键在P1.2，设定为输入
   LED1=0;              //LED1~LED4赋值0，输出低电平到对应引脚，灭LED
   LED2=0;
   LED3=0;
   LED4=0;
}
/**************************************************************
函数名称：initT
功    能：初始化系统定时器T1、外中断
入口参数：无
出口参数：无
返 回 值：无
**************************************************************/
void initT(void)
{
```

```
  CLKCONCMD &=0x80;                    //时钟速度设置为 32MHz
  T1CC0L=62500 & 0xFF;                 //把 62500 的低 8 位写入 T1CC0L
  T1CC0H=((62500&0xFF00)>>8);          //把 62500 的高 8 位写入 T1CC0H
  T1CTL=0x0F;                          //配置 128 分频，正计数 / 倒计数模式
  T1IE=1;

  PICTL &=~0x02;                       //配置 P1 口的中断边沿为上升沿产生中断
  P1IEN |=0x04;                        //使能 P1.2 中断
  IEN2 |=0x10;                         //使能 P1 口中断

  EA=1;
}

/***************************************************************
函数名称：T1_ISR
功    能：定时器 T1 中断服务子程序
入口参数：无
出口参数：无
返 回 值：无
***************************************************************/
#pragma vector=T1_VECTOR
__interrupt void T1_ISR(void)
{
  LED1=!LED1;
  sleep_state++;
  T1IF=0;    //清 T1 的中断请求
}
/***************************************************************
函数名称：SysPowerMode()
功    能：设置系统工作模式
入口参数：mode 等于 0 为 PM0，等于 1 为 PM1，等于  2 为 PM2，等于 3 为 PM3
出口参数：无
***************************************************************/
void SysPowerMode(uchar mode)
{
  if(mode<4)
  {
    SLEEPCMD &=0xFC;
    SLEEPCMD |=mode;     //设置系统睡眠模式
    PCON=0x01;           //供电模式寄存器，写 1 进入睡眠模式，通过外中断唤醒
    LED4=1 ;
  }
  else
  {
    PCON=0x00;              //通过中断唤醒系统，清零进入主动模式
    SLEEPCMD &=~(0x03);
    LED4=0;
  }
}
```

```
/***************************************************************
函数名称：P1INT_ISR
功    能：外部中断服务函数
入口参数：无
出口参数：无
返 回 值：无
***************************************************************/
#pragma vector=P1INT_VECTOR         //此处 P1INT_VECTOR 指定外中断 P1 的地址
__interrupt  void  P1INT_ISR(void)
{
  EA=0;                     //关闭全局中断
  /*若是 P1.2 产生的中断*/
  if(P1IFG & 0x04)
  {
  /*等待用户释放按键，并消抖*/
    while(SW1==0);          //低电平有效
    delay(10);
    while(SW1==0);

    SysPowerMode(4);        //正常工作模式
    sleep_state=0;

    /*清除中断标志*/
    P1IFG &=~0x04;          //清除 P1.2 中断标志
    T1IE=1;
  }
  EA=1;                     //使能全局中断
}
/***************************************************************
函数名称：main
功    能：main 函数入口
入口参数：无
出口参数：无
返 回 值：无
***************************************************************/
void main(void)
{
  initIO();
  initT();
  while(1)
  {
    if(sleep_state >=6)
    {
      SysPowerMode(3);       //进入睡眠模式 PM3，按下 SW1 键中断唤醒系统
      LED1=0;
      T1IE=0;
    }
  }
}
```

拓展练习

无。

思考题

观察实验，外中断服务按键唤醒睡眠状态和复位键唤醒，为何现象不同？试说明原理。

实验 23 呼吸灯实验

实验目的

熟悉 CC2530 芯片系统，模拟 PWM 输出应用。

实验内容

编写 IAR 程序，设计 PWM 输出应用程序，实现呼吸灯效果。

实验原理

设计 1 ms 间隔定时中断服务函数，对间隔定时次数进行累加，即计数单元 counts++，每完成一个 PWM 改变一个占空比值，模拟呼吸灯效果。pwm_period 定义 PWM 的周期，pwm_duy 定义 PWM 的占空比。

（1）counts < pwm_duy：输出高电平。

（2）pwm_duy <counts < pwm_period：输出低电平。

（3）counts = pwm_period：counts 清零，输出高电平。

实验步骤

（1）建立一个新项目。

（2）建立新的工作空间“Test23”，建立新的工程“Project_PWM”，添加 C 文件 TestPWM.c 到工程中，完成环境配置。

（3）在 TestPWM.c 文件中添加代码（见“相关代码”的内容）。

相关代码

```
/*****************************************************************
文件名称：TestPWM.c
功    能：CC2530 系列片上系统 PWM 实验
描    述：LED3、LED4 亮灭犹如呼吸，由亮渐灭，循环往复
硬件连接：同前实验
*****************************************************************/
#include "ioCC2530.h"
/*****************************************************************
```

```
//定义 LED 端口
#define LED1  P1_0                  // P1_0 定义为 P1.0
#define LED2  P1_1                  // P1_1 定义为 P1.1
#define LED3  P1_3                  // P1_3 定义为 P1.3
#define LED4  P1_4                  // P1_4 定义为 P1.4
#define SW1   P1_2                  // P1_2 定义为 SW1
unsigned char pwm_period=100;       // 定义 PWM 的周期
unsigned char pwm_duy=90;           // 定义 PWM 的占空比
unsigned char counts=0;             // 间隔定时次数累计
/*****************************************************************
函数名称：initIO
功    能：初始化系统 IO
入口参数：无
出口参数：无
返 回 值：无
*****************************************************************/
void initIO(void)
{
    P1SEL &=~0x1F;      //设置 LED1~LED4、SW1 为普通 I/O 口
    P1DIR|=0x1B ;       //设置 LED1~LED4 为输出
    P1DIR&=~0x04;       //SW1 键在 P1.2，设定为输入
    LED1=0;             //LED1、LED2 赋值 0，输出低电平到对应引脚，熄灭 LED
    LED2=0;
    LED3=1;             //LED3~LED4 赋值 1，输出高电平到对应引脚，点亮 LED
    LED4=1;
}
/*****************************************************************
函数名称：initT
功    能：初始化定时器 T1，使用内部 16MHz 晶振，定时周期 1ms，使用模模式，开启通道 0
        的输出比较模式，分频系数 8，打开相应的定时中断
入口参数：无
出口参数：无
返 回 值：无
*****************************************************************/
void initT(void)
{
  /* 内部 16 MHz 晶振 8 分频定时 0.1 ms 的最大计数值为 0x00c8*/
  T1CC0L=0xc8;          //设置最大计数值的低 8 位
  T1CC0H=0x00;          //设置最大计数值的高 8 位
  T1CCTL0 |=0x04;       //开启通道 0 的输出比较模式
  T1CTL=0x06;           //分频系数是 8，模模式

  T1IE=1;               //使能定时器 T1 中断
  T1OVFIM=1;            //使能定时器 T1 溢出中断
  EA=1;                 //使能总中断
}
/*****************************************************************
函数名称：T1_ISR
```

```
功    能：定时器 T1 中断服务子程序，1ms 间隔定时中断服务函数对间隔定时次数进
         行累加，即 counts++
         counts<pwm_duy：输出高电平
         pwm_duy <counts<pwm_period：输出低电平
         counts=pwm_period：counts 清零，输出高电平
         每完成一个 PWM 改变一个占空比，实现呼吸灯效果
入口参数：无
出口参数：无
返 回 值：无
****************************************************************/
#pragma vector=T1_VECTOR
__interrupt void T1_ISR(void)
{
  T1STAT &=~0x01;                    //清除定时器 T1 通道 0 中断标志
  counts++;                          //对间隔定时次数进行累加
  if(counts<pwm_duy)                 //高电平周期到
  {
    LED3=1;
    LED4=1;
  }
  else if(counts<pwm_period)  //低电平周期到
  {
    LED3=0;
    LED4=0;
  }
  else                               //准备开始下一个 PWM 输出
  {
    LED3=1;
    LED4=1;
    counts=0;                        //间隔定时累加清零
    pwm_duy--;
    if(pwm_duy==0)
    {
     pwm_duy=90;
     LED3=1;
     LED4=1;
    }
  }
}
/****************************************************************
函数名称：main
功    能：main 函数入口
入口参数：无
出口参数：无
返 回 值：无
****************************************************************/
void main(void)
{
```

```
  initIO();           //初始化IO
  initT();            //初始化定时器T1
  while(1);
}
```

拓展练习

（1）修改程序，实现LED由亮渐灭。按键一次，重复。

（2）修改程序，实现LED由灭渐亮。按键一次，重复。

思考题

查阅资料，理解PWM的功能。

第2篇

Basic RF 的无线通信及应用

第8章 Basic RF 简介与基础实验

Basic RF 由 TI 公司提供基于 CC2530 的软件代码，它包含了 IEEE 802.15.4 标准的数据包的收发功能，是简单无线点对点传输协议。但并没有使用到协议栈，它仅仅是让两个节点进行简单的通信，也就是说 Basic RF 仅仅是包含着 IEEE 802.15.4 标准的一小部分而已。

Basic RF 是简单的无线点对点传输协议，可以用来进行无线设备数据传输的入门学习，开发相对简单的无线控制与无线传感网络。

其主要特点有：

（1）不提供“多跳”“设备扫描”功能。

（2）不提供不同种的网络设备，如协调器、路由器等。所有节点同级，只实现点对点传输。

（3）传输时会等待信道空闲，但不按 802.15.4 CSMA-CA 要求进行两次 CCA 检测。

（4）不重传数据。

Basic RF 的发射过程、接收过程，都有具体到每个层的功能函数。使用 Basic RF 实现无线传输只要学会使用这些函数就可以了。读者只需要明白函数的作用，学会使用它就行了，至于它内部是怎样一层一层实现的，不用太过关心。通过学习实验例程，作为基本模块框架设置，添加合理使用逻辑，即可实现任意应用。

8.1 基本函数库及 Basic RF 环境介绍与配置

Basic RF 提供基于 CC2530 的基础软件代码，这些代码由一系列的资源库构成，所以在使用前需要配置适合应用的资源环境。

1. 基本函数库（使用者可以查询资源库源文件使用或修改应用）

（1）Common 公共库基本函数库的函数、定义：

```
|---common
|  |---hal_cc8051.h——MCU 输入输出宏定义
|  |---hal_defs.h——通用定义
|  |---hal_mcu.c——MCU 函数库
|  |---hal_mcu.h——MCU 函数库定义
|  |---hal_clock.c——函数库
|  |---hal_clock.h——MCU 函数库定义
```

| |---hal_digio.c——输入输出中断函数库
| |---hal_digio.h——输入输出中断函数库定义
| |---hal_adc.c——ADC 函数库
| |---hal_adc.h——ADC 函数库定义
| |---hal_int.c——中断函数库
| |---hal_int.h——中断函数库定义
| |---hal_rf.c——无线函数库
| |---hal_rf.h——无线函数库定义
| |---hal_rf_security.c——无线加密函数库
| |---hal_rf_security.h——无线加密函数库定义
| |---hal_rf_util.c——无线通用函数库
| |---hal_rf_util.h——无线通用函数库定义
| |---hal_timer_32k.c——32 kHz 定时器函数库
| |---hal_timer_32k.h——32 kHz 定时器函数库定义
|

（2）Basicrf 基本 RF 无线功能库的函数、定义：

|---basicrf
| |---basic_rf.c——基本无线函数库
| |---basic_rf.h——基本无线函数库定义
| |---basic_rf_security.c——基本无线加密函数库
| |---basic_rf_security.h——基本无线加密函数库定义
|

（3）Utils 工具函数库的函数、定义：

|---utils
| |---util.c——工具函数库
| |---util.h——工具函数库定义
|

（4）Board ZigBee 模块初始化库的函数、定义：

|---board
| |---hal_board .c——ZigBee 模块上的资源初始化函数
| |---hal_board .h——ZigBee 模块上的资源初始化函数库的定义
| |---hal_led.c——ZigBee 模块上关于 LED 的函数
| |---hal_led.h——ZigBee 模块上关于 LED 的函数库的定义
|

（5）Module 各类传感器模块的应用函数库的函数、定义：

|--- module
| |--- dma_ad590.c——模拟温度传感器函数库
| |--- dma_ad590.h——模拟温度传感器函数库的定义

| |--- dma_bma.c——重力传感器函数库
| |--- dma_bma.h——重力传感器函数库的定义
| |--- dma_dc.c——直流电动机函数库
| |--- dma_dc.h——直流电动机函数库的定义
| |--- dma_eeprom.c——eeprom 函数库
| |--- dma_eeprom.h——eeprom 函数库的定义
| |--- dma_imc.c——人体传感器函数库
| |--- dma_imc.h——人体传感器函数库的定义
| |--- dma_m4.c——光敏 / 光电传感器函数库
| |--- dma_m4.h——光敏 / 光电传感器函数库的定义
| |--- dma_tc72.c——数字温度传感器函数库
| |--- dma_tc72.h——数字温度传感器函数库的定义
| |--- dma_tgs.c——酒精传感器函数库
| |--- dma_tgs.h——酒精传感器函数库的定义
| |--- dma_sht.c——温湿度传感器函数库
| |--- dma_sht.h——温湿度传感器函数库的定义
| |--- dma_itg.c——陀螺仪传感器函数库
| |--- dma_itg.h——陀螺仪传感器函数库的定义
| |--- dma_kr.c——可燃气体传感器函数库
| |--- dma_kr.h——可燃气体传感器函数库的定义
| |--- dma_tgs2602.c——气体质量传感器函数库
| |--- dma_tgs2602.h——气体质量传感器函数库的定义

2．Basic RF 环境介绍与配置

1）完成 IAR 集成开发环境基础配置

（1）创建文件夹命名：Rf_test1。

（2）在此文件夹中创建 Project 文件夹。

（3）在 Project 文件夹中创建工作空间，在此工作空间中创建项目 rfsetprj，保存工作空间为 rf_set，如图 8-1 所示。

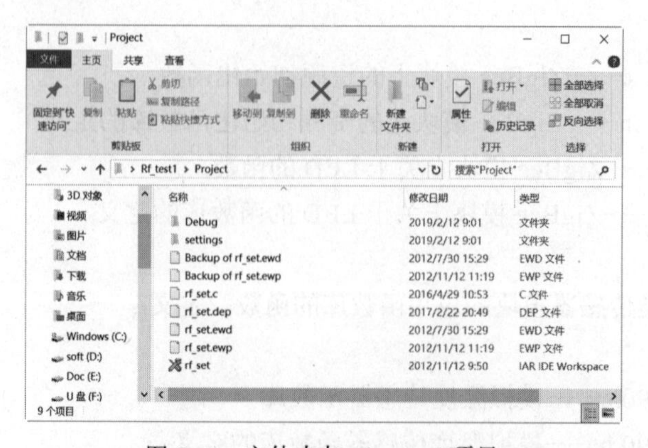

图 8-1　文件夹与 rf_setprj 项目

(4）完成 IAR 集成开发环境基础配置，参见第一篇的实验 1。

2）Basic RF 环境安装与配置步骤

(1）两个实验板接上无线天线，下部电源线接电，需要下载代码时接停仿真器，如图 8-2 所示。

图 8-2　设备连接示意图

(2）配置资源文件夹资源包：

①复制资源库文件夹 CC2530_lib 到 Rf_test1 文件夹中。文件夹 CC2530_lib 与文件夹 Project 的相对位置关系，决定后续访问路径的设置，如图 8-3 所示。

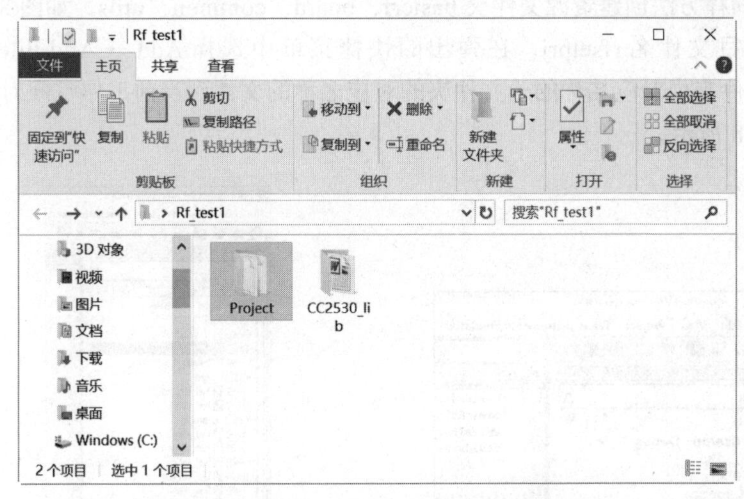

图 8-3　资源包与工作空间文件夹位置关系

②选择 Workspace 窗口，右击项目文件名 rfsetprj，在弹出的快捷菜单中选择 Add → Add Group 命令，如图 8-4 所示。

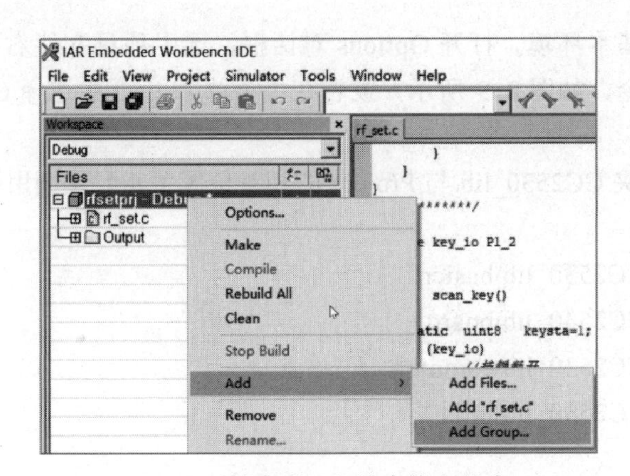

图 8-4　创建项目文件中的文件夹

③命名文件夹App，如图8-5所示。

④创建rf_set.c文件（创建方法参见实验1），将创建的c文件拖入该文件夹，如图8-6所示。

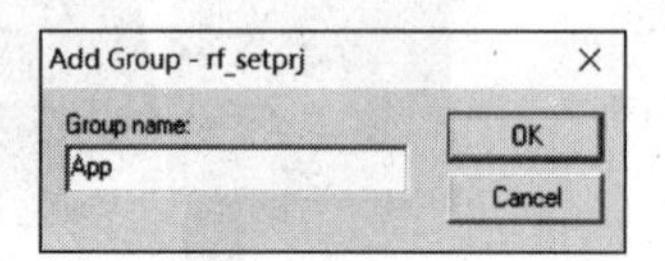

图8-5 文件夹命名为App

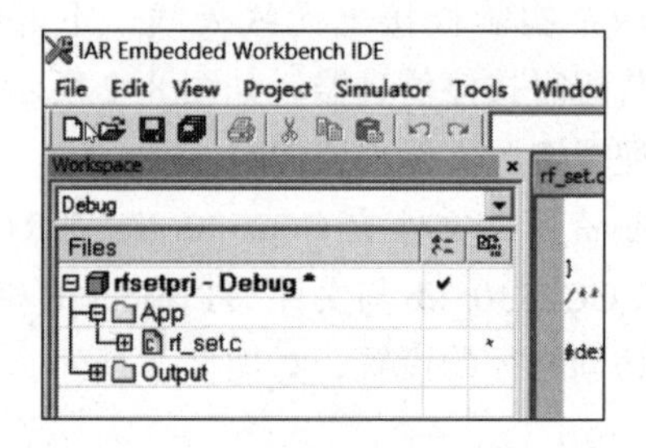

图8-6 rf_set.c文件在App文件夹中

⑤选择Workspace窗口，右击项目文件名rfsetprj，在弹出的快捷菜单中选择Add → Add Group命令，同样方法创建资源文件夹basicrf、board、common、utils，如图8-7所示。

⑥右击项目文件名rfsetprj，在弹出的快捷菜单中选择Add → Add Files命令，添加CC2530_lib文件夹中对应名称的子文件夹的对应名称的文件到当前工作空间对应的资源文件夹中，如图8-8所示。

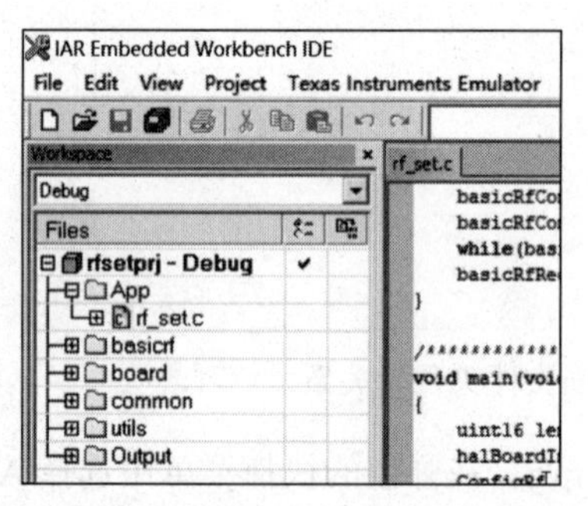

图8-7 创建资源文件夹并加入资源文件

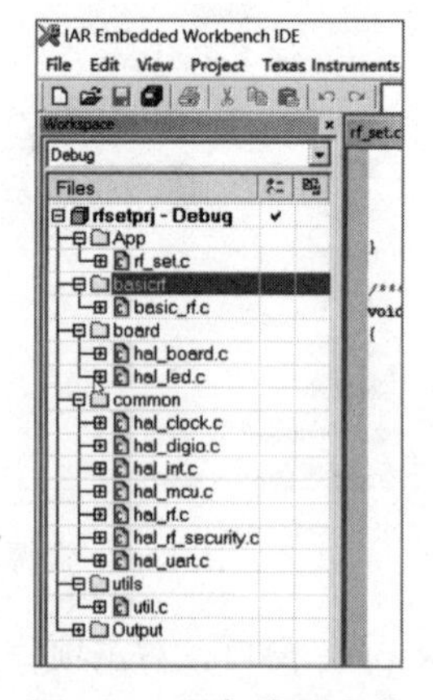

图8-8 添加资源文件

⑦配置Options基本环境。打开Options对话框，选中项目文件右击，在弹出的快捷菜单中选择Options命令，如图8-9所示，或者在主菜单Project中选择Options命令，或者按【Alt+F7】组合键。

根据前面的文件夹CC2530_lib与Project的相对位置关系配置调用资源包路径如图8-10所示。

$PROJ_DIR$\..\CC2530_lib\basicrf

$PROJ_DIR$\..\CC2530_lib\board

$PROJ_DIR$\..\CC2530_lib\common

$PROJ_DIR$\..\CC2530_lib\utils

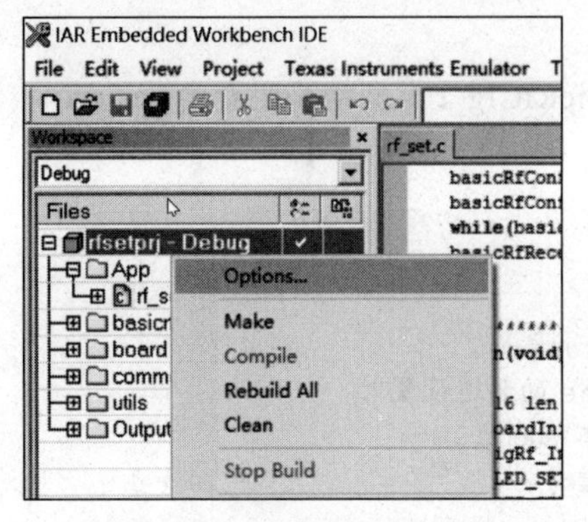

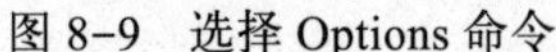

图 8-9　选择 Options 命令

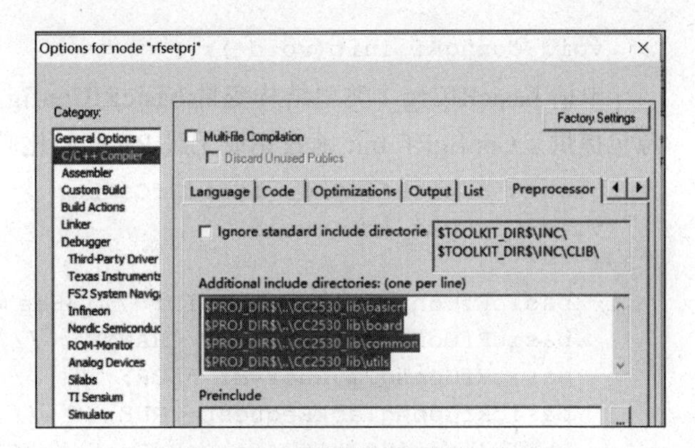

图 8-10　配置资源包路径

复制一个正确的 rf_set.c 文件检查，确保编译环境配置正确。

8.2 Basic RF 地址配置与函数介绍

Basic RF 提供基于 CC2530 的基础软件代码资源库，提供了用于实现无线通信、串口通信、I/O（输入 / 输出）控制的基础函数，配合编程即可实现相应功能。

1. 实现无线通信

实现无线通信需要配置通信频道、网络 ID、发送地址、接收地址如下：

```
/***** 通信地址设置 ******/
#define RF_CHANNEL     26          // 频道 11~26
#define PAN_ID         0x1A5B      // 网络 ID
#define MY_ADDR        0x1015      // 本机模块地址
#define SEND_ADDR      0xAC3A      // 发送地址
```

提示：发送模块地址和接收模块地址 MY_ADDR 和 SEND_ADDR 相反。多组同时通信，RF_CHANNEL / PAN_ID 至少一个不一样。

参数说明：

RF_CHANNEL：频道参数 11~26，要建立通信此参数必须一致。

ZigBee 使用的无线频段为 2.4 GHz，频道有 11~26 共 16 个信道，每个信道间隔 5 MHz，信道的表达式如下：

```
Fc=2405+5(K-11)(MHz)，其中 11 ≤ =(K) ≤ =26。
PAN_ID：网络的 ID，0x0000~0xFFFF，要建立通信此参数必须一致。
My_ADDR：本机模块地址，0x0000~0xFFFF，作为识别模块的地址。
SEND_ADDR：发送地址，0x0000~0xFFFF，本模块发送信号对象的模块地址。
```

2. Basic RF 初始化函数

（1）模块相关资源初始化，包括初始化 IO、串口及波特率、置位中断使能等。

```
void halBoardInit(void );
```

（2）打开 RF 函数。

```
void basicRfReceiveOn(void);
```

（3）无线收发参数的配置初始化。

```
void ConfigRf_Init(void );
```

申请basicRfCfg_t类型结构变量basicRfConfig。basicRfCfg_t类型结构变量由basicrf资源包提供。ConfigRf_Init函数完成无线RF初始化功能。

```
static basicRfCfg_t  basicRfConfig;
void ConfigRf_Init(void)
{
  basicRfConfig.panId=PAN_ID; //ZigBee的ID号设置
  basicRfConfig.channel=RF_CHANNEL; //ZigBee的频道设置
  basicRfConfig.myAddr=MY_ADDR;      //设置本机地址
  basicRfConfig.ackRequest=TRUE;     //应答信号
  while(basicRfInit(&basicRfConfig)==FAILED);
          //检测ZigBee的参数是否配置成功
  basicRfReceiveOn(); //打开RF
}
```

(4) 检查结构变量配置端口是否成功，返回值成功为SUCCESS即为0，失败为FAILED即为1。

```
uint8 basicRfInit(&basicRfConfig);
```

basicRfCfg_t类型结构变量是basicRfConfig。

(5) 亮灭LED。

```
HAL_LED_SET_1();     //LED1 on
HAL_LED_CLR_1();     //LED1 off
```

(6) 灯状态取反，发送指示。

```
void halLedToggle(uint8 id);
```

参数id：值域为1，2，3，4；分别指示LED1~LED4。

(7) 读键按下返回1，松开则为0。

```
uint8  scan_key();
```

定义key_io对应P1_2按键，scan_key函数实现在RF环境下读键功能。

```
#define key_io P1_2
uint8  scan_key()
{
  static  uint8   keysta=1;
    if(key_io)
    {
      keysta=1;
      return 0;
    }
    else
    {
      if(keysta==0)
      return 0;
      keysta=0;
      return 1;
    }
}
```

3. Basic RF 发送与接收函数

（1）发送“ZIGBEE TEST \r\n”，13 个字符，成功返回值为 0。

```
uint8 basicRfSendPacket(SEND_ADDR,"ZIGBEE TEST\r\n",13);
```

参数 1：发送地址。

参数 2：发送字符串。

参数 3：发送字符串长度。

（2）判断有无收到 ZigBee 信号，有为真返回值为 1，没有为假返回值为 0。

```
uint8 basicRfPacketIsReady();
```

（3）无线接收数据函数放到缓存 pRxData 中，缓冲区最大长度为 MAX_RECV_BUF_LEN，返回值是数据串长度。

```
uint8  basicRfReceive(pRxData, MAX_RECV_BUF_LEN, NULL);
```

参数 1：接收缓存变量名称。

参数 2：接收最大长度。超过接收长度的数据被丢弃。

参数 3：NULL。

4. 其他函数

延时毫秒

```
void halMcuWaitMs(uint16 msec);
```

参数：延时时间。

5. 串口读写函数

（1）将接收到的无线 pRxData，len 发送到串口到 PC，发送成功返回值是发送长度。

```
uint16 halUartWrite(uint8 *buf, uint16 len)
```

参数 1：发送串口数据地址缓存名，例如：pRxData。

参数 2：发送串口数据长度。

（2）接收串口缓冲区的数据到串口缓冲区。

```
uint16 RecvUartData(uint8 *recv);
```

参数：接收串口数据地址缓存名，例如：uRxData。

将串口接收数据调用 MyByteCopy( ) 函数到指定的地址中。

读串口缓冲区数据复制到无线发送区指定的地址的过程中，需要一定延时，防止数据丢失。返回值是接收到数据的长度。

6. 定时器 T4 设置

（1）32 MHz，128 分频，计数器清零，禁止溢出中断，禁止定时器 T4 中断，中断一次大约 0.8 s。

```
void Timer4_Init(void);
```

（2）使能溢出中断，开始计时，使能定时器 T4 中断，置发送标志。

```
SEND_DATA_FLAG=0
void Timer4_On(void);
```

（3）关定时器 T4

```
void Timer4_Off(void);
```

7. 中断服务函数

定时器 T4 计数到约 2 s 时置发送标志位为 1，即 SEND_DATA_FLAG=1，关 T4 中断

```
HAL_ISR_FUNCTION(T4_ISR, T4_VECTOR)
```

8. 取发送标志函数，返回值为 SEND_DATA_FLAG

```
uint8 GetSendDataFlag(void);
```

9. 采样函数

（1）光照传感器、一氧化碳传感器、可燃气传感器、火焰传感器，取模拟电压采样函数

```
uint16 get_adc(void)
```

案例：

```
uint16 sensor_val;
sensor_val=get_adc();
//把采集到的数据转化成字符串，以便在串口上显示观察
printf_str(pTxData,"光照传感器电压 d.%02dV\r\n",sensor_val/100,
sensor_val%100);
```

（2）人体传感器采样函数。

```
uint8  get_swsensor(void)
```

案例：

```
uint16 sensor_val;
sensor_val=get_swsensor();     //取开关量
//把采集到的数据转化成字符串，以便在串口上显示观察
printf_str(pTxData,"人体传感器电平：%d\r\n",sensor_val);
```

（3）温湿度传感器采样函数。

```
void call_sht11(unsigned int *tem_val,unsigned int *hum_val)
```

参数 1：*tem_val 温度存放地址，分辨率为 0.1

参数 2：*hum_val 湿度存放地址，分辨率为 0.1

案例：

```
uint16   sensor_va l, sensor_tem;
call_sht11(&sensor_tem,&sensor_val);
//把采集到的数据转化成字符串，以便于在串口上显示观察
printf_str(pTxData,"温 湿 度 传 感 器， 温 度：%d.%d，  湿 度：%d.%d\r\n",
sensor_tem/10,sensor_tem%10,sensor_val/10,sensor_val%10);
```

RF实验1 Basic RF 配置与通信建立

实验目的

熟悉 CC2530 芯片 RF 的配置；学会使用 CC2530 建立无线通信的方法；初步掌握 Basic RF 的调用方法；初步掌握进行无线通信的方法。

实验内容

配置 Basic RF 参数，实现两个 CC2530 节点建立无线通信。

实验原理

本实验实现具体功能：每按一次 SW1 键，发送无线数据，同时绿灯 (D5) 亮灭交替指示发送了无线数据。每接收到一次无线数据，红灯 (D6) 亮灭交替指示接收到了无线数据。

当两个节点已建立了通信关系，其实就是一个无线开关灯控制的雏形，可以把一个节点看成“照明开关”，另一个节点看成“照明控制”。“照明开关”开关 (按键) 动作时通过发送命令就可控制“照明控制”的输出动作。

实验步骤

本实验需要两块 CC2530 模块板，分别配置为发送模块和接收模块。本实验两块模块板基本功能一样，相互实现点对点控制通信。

（1）在 Basic Rf 实验 1 文件夹中，创建主节点文件夹，按照本章 8.1 节介绍，在主节点文件夹中创建工作空间 rf_set 和项目文件 rfsetprj、c 文件 rf_set，在 c 文件中输入“相关代码”中的内容。

（2）完成配置 Basic RF 工作环境。

（3）烧写代码到主模块块板。

（4）复制主模块文件夹，改名为从节点，如图 8-11 主从模板代码文件夹所示。将 c 文件中发送地址与接收地址互换一下；烧写代码到从模块板。

如图 8-12 所示，主节点文件夹中的 CC2530 文件夹中为资料提供的资源 c 文件及库文件，Project 文件夹中为创建的工作空间、项目文件、c 文件，及完成的基础配置和 RF 配置。

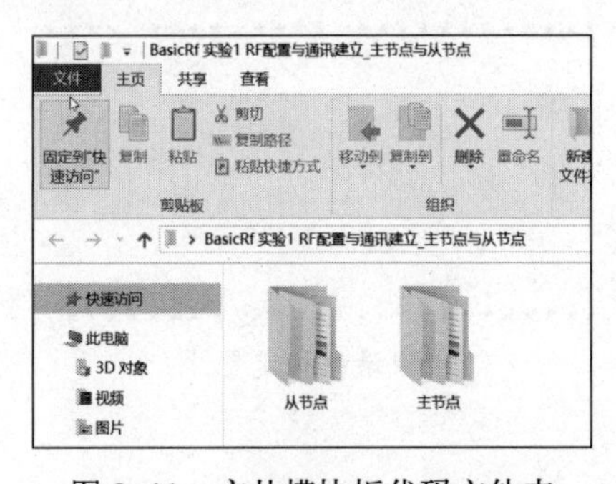

图 8-11　主从模块板代码文件夹

图 8-12　主节点文件夹中文件

（5）如果同时有多组无线通信实验，各组之间 RF_CHANNEL/PAN_ID 至少有一个要不一样。

（6）检查实验效果。

相关代码

```
/*****************************************************************
文件名称：rf_set.c
功    能：Basic Rf 实验 1——RF 配置与建立主节点与从节点点对点通信
描    述：按 SW1 键，对象模块板 LED 亮灭
硬件连接：参见图 8-2
****************************************************************/
```

```
#include "ioCC2530.h"
/**** 源模块对应的头文件 ******************************************/
#include "hal_defs.h"
#include "hal_cc8051.h"
#include "hal_int.h"
#include "hal_mcu.h"
#include "hal_board.h"
#include "hal_led.h"
#include "hal_rf.h"
#include "basic_rf.h"
#include "hal_uart.h"
#include <stdio.h>
#include <string.h>
#include <stdarg.h>

uint8   scan_key();                                 //预定义后续函数

#define MAX_SEND_BUF_LEN  128                       //定义无线发送长度常量
#define MAX_RECV_BUF_LEN  128                       //定义无线接收长度常量
static uint8 pTxData[MAX_SEND_BUF_LEN];             //定义无线发送缓冲区变量
static uint8 pRxData[MAX_RECV_BUF_LEN];             //定义无线接收缓冲区变量
/***** 点对点通信地址设置 ******/
#define RF_CHANNEL 26                               //频道 11~26
#define PAN_ID 0x1A5B                               //网络 ID
#define MY_ADDR 0x1015                              //本机模块地址
#define SEND_ADDR 0xAC3A                            //发送地址
/****************************************************************
函数名称：ConfigRf_Init()
功    能：无线 RF 初始化
入口参数：无
出口参数：无
返 回 值：无
****************************************************************/
static basicRfCfg_t  basicRfConfig;                 //申请结构变量
void ConfigRf_Init(void)
{
    basicRfConfig.panId=PAN_ID;                     //ZigBee 的 ID 号设置
    basicRfConfig.channel=RF_CHANNEL;               //ZigBee 的频道设置
    basicRfConfig.myAddr=MY_ADDR;                   //设置本机地址
    basicRfConfig.ackRequest=TRUE;                  //应答信号
    while(basicRfInit(&basicRfConfig)==FAILED);
                                                    //检测 ZigBee 的参数是否配置成功
    basicRfReceiveOn();                             //打开 RF
}
/****************************************************************
函数名称：main
功    能：main 函数入口
入口参数：无
出口参数：无
```

```
返 回 值：无
**************************************************************/
void main(void)
{
  uint16 len=0;
  halBoardInit();                      //模块相关资源的初始化
  ConfigRf_Init();                     //无线收发参数的配置初始化
  HAL_LED_SET_1();                     // LED1 点亮
  HAL_LED_SET_2();                     // LED2 点亮
  while(1)
  {
     if(scan_key())                    //有按键按下，则发送数据
     {
        halLedToggle(3);               //绿灯取反，发送指示
        basicRfSendPacket(SEND_ADDR,"ZIGBEE TEST\r\n",13);
     }
      if(basicRfPacketIsReady())       //判断有无收到 ZigBee 信号
      {
        halLedToggle(4);               //红灯取反，接收指示
        len=basicRfReceive(pRxData, MAX_RECV_BUF_LEN, NULL);
                                       // 接收数据
      }
  }
}
/**************************************************************
函数名称：scan_key()
功    能：读键
入口参数：无
出口参数：无
返 回 值：0 或 1，=1 有键按下；=0 无键按下
**************************************************************/
#define key_io P1_2
uint8   scan_key()
{
  static  uint8   keysta=1;
    if(key_io)
    {
        keysta=1;
        return 0;
    }
    else
    {
      if(keysta==0)
        return 0;
        keysta=0;
        return 1;
    }
}
```

拓展练习

（1）主节点按键无线控制从节点板，实现跑马灯(应用延时函数，代替第一篇中的延时函数，实现延时灯间隔的时间调节)，按键一次开始，再按键一次停下，以此循环。

（2）如果采用中断模式代替延时的跑马灯，需加入定时器中断，如何实现？

（3）按键使用第一篇的读取方式（实验 3、实验 4）代替 scan_key( ) 函数，可否？为什么？

提示：由于 Basic RF 资源包代码应用配置了一些接口、中断，在自己编写代码时，要注意命名配置的冲突，尽量不混合应用，尽量使用资源包提供的函数，不够用的再编写自己的功能函数。发生冲突时，代码编译会有提示，可以根据提示修改。

思考题

（1）理解 RF_CHANNEL、PAN_ID、MY_ADDR、SEND_ADDR 这几个参数的含义。

（2）试着改变 RF_CHANNEL、PAN_ID、MY_ADDR、SEND_ADDR 的值，重新编译下载代码，同样实现两个模块无线通信建立，观察效果。

（3）改变设置，使两个代码的 RF_CHANNEL 或 PAN_ID 不一致，观察结果。

（4）如果一个代码 MY_ADDR 与另一个代码的 SEND_ADDR 不相等，会出现什么情况？

（5）如果主节点代码或从节点代码下载多个板后运行，会出现什么情况？

RF实验2 Basic RF 点对点无线串口实验

实验目的

在 Basic RF 实验 1 建立无线通信的基础上，实现无线串口通信；掌握无线发送和接收数据的方法；掌握串口接收和发送数据的方法。

实验内容

配置 Basic RF 参数；两个 CC2530 节点建立无线通信，实现无线串口通信。

实验原理

1. Basic RF 参数配置主节点和从节点

同 Basic RF 实验 1

2. 无线数据发送

（1）创建一个 buffer，把数据放入其中。

（2）调用 basicRfSendPacket() 函数发送。

3. 无线数据接收

（1）通过 basicRfPacketIsReady() 函数来检查是否接收到一个新的数据包。

（2）调用 basicRfReceive() 函数，把接收到数据复制到 buffer 中。

4. 串口数据发送

（1）创建一个 buffer，把函数放入其中。

（2）调用 halUartWrite() 函数发送。

5. 串口数据接收

通过调用 RecvUartData() 函数来接收数据，并以返回的数据长度来判断是否收到数据。

6. 本实验实现的功能

一个 PC 串口连接到一个使用图 8-13 所示的 ZigBee 设备来发送数据，同样另一个 PC 串口连接到另一个使用本应用实例的 ZigBee 设备来发送数据，实现两个串口以无线方式进行双工通信。本实验演示了以 ZigBee 设备来实现串口以无线方式进行双工通信的方法，如图 8-13 所示。

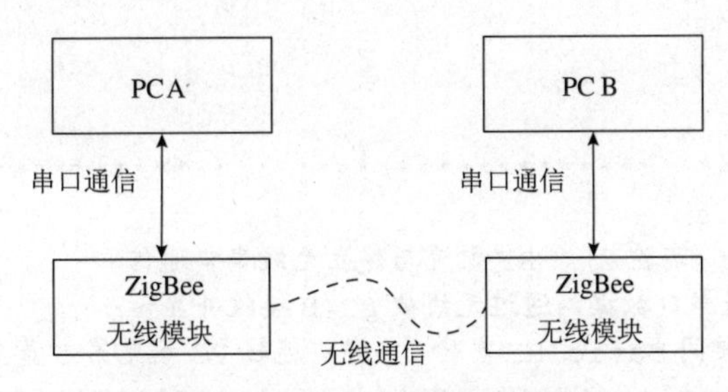

图 8-13　串口无线通信示意图

实验步骤

（1）本实验需要两块 CC2530 模块板，分别配置为发送模块和接收模块。本实验两模块板基本功能一样，相互实现无线串口数据双工通信。

参照 Basic RF 实验 1，创建主节点并完成配置。在 c 文件中输入“相关代码”中的内容；烧写代码到主模块板；复制主模块文件夹，改名为从节点，将 c 文件中发送地址与接收地址互换一下；烧写代码到从模块板。

如果同时有多组无线通信实验，各组之间，RF_CHANNEL/PAN_ID 至少有一个要不一样；检查实验效果。

主程序代码设计流程如图 8-14 所示。

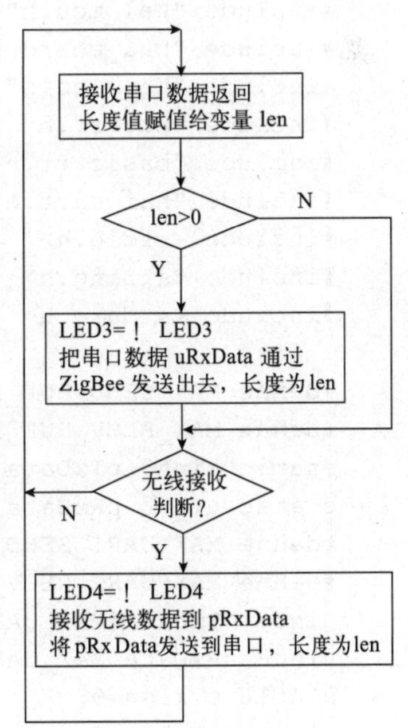

图 8-14　主程序代码设计流程

（2）安装串口调试小助手或其他具有串口读取 / 发送功能的小软件，打开界面（参见第 5 章介绍）。由于 Basic RF 资源包中默认设置的串口通信波特率为 38 400，故串口调试小助手中也要选择波特率为 38 400。如果需要使用其他波特率，请跟踪 halMcuInit() 函数，修改波特率为需要的参数，如图 8-15 所示，halMcuInit() 函数可修改波特率处，如图 8-16 所示。

（3）串口连接 PC 参见第 5 章介绍。

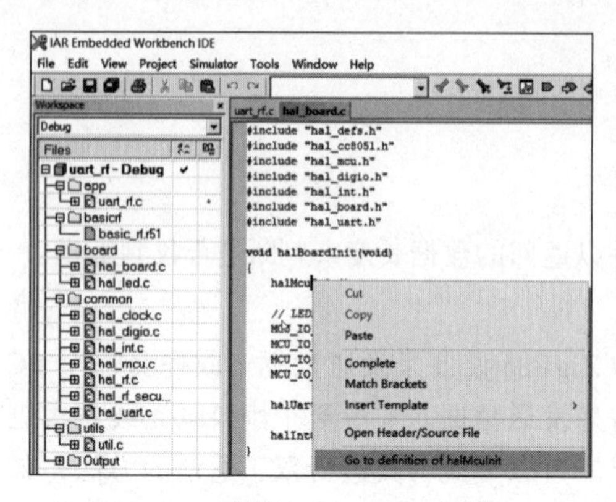

图 8-15 跟踪 halMcuInit() 函数

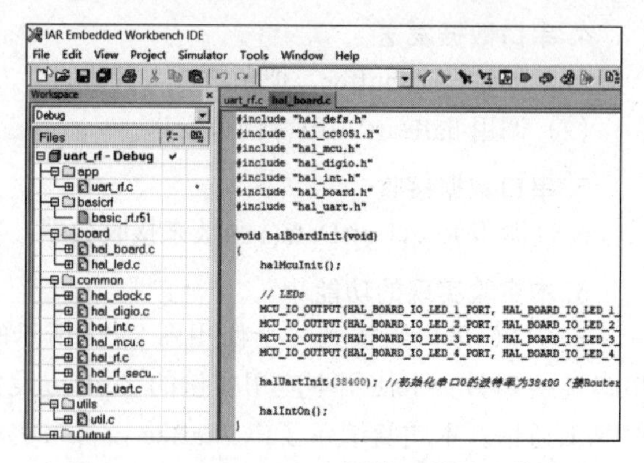

图 8-16 halMcuInit() 函数可修改波特率处

相关代码

```
/****************************************************************
文件名称：uart_rf.c
功    能：Basic Rf 实验 2——RF配置与建立无线串口通信
描    述：PC A发送串口数据，通过无线被 PC B接收并显示
硬件连接：实验板连接同 Basic RF 实验 1，串口连接 PC 参见第 5 章介绍
****************************************************************/
#include "ioCC2530.h"
/**** 源模块对应的头文件 *****************************************/
#include "hal_defs.h"
#include "hal_cc8051.h"
#include "hal_int.h"
#include "hal_mcu.h"
#include "hal_board.h"
#include "hal_led.h"
#include "hal_rf.h"
#include "basic_rf.h"
#include "hal_uart.h"
#include <stdio.h>
#include <string.h>
#include <stdarg.h>

#define MAX_SEND_BUF_LEN  128                     //定义无线发送长度常量
#define MAX_RECV_BUF_LEN  128                     //定义无线接收长度常量
static uint8 pTxData[MAX_SEND_BUF_LEN];          //定义无线发送缓冲区变量
static uint8 pRxData[MAX_RECV_BUF_LEN];          //定义无线接收缓冲区变量
#define MAX_UART_SEND_BUF_LEN  128                //定义串口发送长度常量
#define MAX_UART_RECV_BUF_LEN  128                //定义串口接收长度常量
uint8 uTxData[MAX_UART_SEND_BUF_LEN];            //定义串口发送缓冲区的大小
uint8 uRxData[MAX_UART_RECV_BUF_LEN];            //定义串口接收缓冲区的大小
uint16 uTxlen=0;                                 //发送地址指针
uint16 uRxlen=0;                                 //接收地址指针
```

```
/***** 通信地址设置 ******/
#define RF_CHANNEL 26        // 频道 11~26
#define PAN_ID 0x1A5B        // 网络 ID
#define MY_ADDR 0x1015       // 本机模块地址
#define SEND_ADDR 0xAC3A     // 发送地址
/*****************************************************************
函数名称：ConfigRf_Init()
功    能：无线 RF 初始化
入口参数：无
出口参数：无
返 回 值：无
*****************************************************************/
static basicRfCfg_t  basicRfConfig;                   // 申请结构变量
void ConfigRf_Init(void)
{
    basicRfConfig.panId=PAN_ID;                       //ZigBee 的 ID 号设置
    basicRfConfig.channel=RF_CHANNEL;                 //ZigBee 的频道设置
    basicRfConfig.myAddr=MY_ADDR;                     // 设置本机地址
    basicRfConfig.ackRequest=TRUE;                    // 应答信号
    while(basicRfInit(&basicRfConfig)==FAILED);
                                                      // 检测 ZigBee 的参数是否配置成功
    basicRfReceiveOn();                               // 打开 RF
}
/*****************************************************************
函数名称：MyByteCopy
功    能：将 *src + srcstart 指示的地址的内容，逐个字符复制到 *dst +
        dststart 指示的目标地址区，长度为 len
入口参数：uint8 *dst, int dststart, uint8 *src, int srcstart, int len
出口参数：无
返 回 值：无
*****************************************************************/
void MyByteCopy(uint8 *dst, int dststart, uint8 *src, int srcstart,
int len)
{
    int i;
    for(i=0; i<len; i++)
    {
      *(dst+dststart+i)=*(src+srcstart+i);
    }
}
/*****************************************************************
函数名称：RecvUartData(uint8 *recv)
功    能：读串口数据
入口参数：无
出口参数：无
返 回 值：读取数据长度
*****************************************************************/
uint16 RecvUartData(uint *recv)
```

```
{
    uint16 r_UartLen=0;
    uint8 r_UartBuf[128];
    uRxlen=0;
    r_UartLen=halUartRxLen();
    while(r_UartLen>0)
    {
        r_UartLen=halUartRead(r_UartBuf, sizeof(r_UartBuf));
        MyByteCopy(recv, uRxlen, r_UartBuf, 0, r_UartLen);
        uRxlen +=r_UartLen;
        halMcuWaitMs(5);
        //这里的延迟非常重要，因为串口连续读取数据时需要有一定的时间间隔
        r_UartLen=halUartRxLen();
    }
    return uRxlen;
}
/***************************************************************
函数名称：main
功    能：main 函数入口
入口参数：无
出口参数：无
返 回 值：无
***************************************************************/
void main(void)
{
    uint16 len=0;
    halBoardInit();                 //模块相关资源的初始化
    ConfigRf_Init();                //无线收发参数的配置初始化
    halLedSet(3);
    halLedSet(4);
    while(1)
    {
        len=RecvUartData(uRxData);  //接收串口数据
        if(len>0)
        {
            halLedToggle(3);        //绿灯取反，无线发送指示
                                    //把串口数据通过 ZigBee 发送出去
            basicRfSendPacket(SEND_ADDR, uRxData,len);
        }
        if(basicRfPacketIsReady())  //查询是否收到无线信号
        {
            halLedToggle(4);        //红灯取反，无线接收指示
                                    //接收无线数据
            len=basicRfReceive(pRxData,MAX_RECV_BUF_LEN, NULL);
            //函数 halUartWrite 将接收到的无线字符串发送到串口显示
            halUartWrite(pRxData,len);
        }
    }
}
```

拓展练习

主节点模块发送命令 11#，控制从节点模块的 LED1 点亮；发送命令 10#，LED1 熄灭，依此类推。

思考题

（1）本实验中两个串口的波特率相同（都为 38 400），如果两个串口的波特率不相同，能进行通信吗？如果能，该如何实现？

（2）如果数据在无线发送时要进行加密，接收到无线数据后进行相应的解密，在软件上该如何实现？

RF实验3 A/D 型传感器采集实验

实验目的

掌握 A/D 型传感器的采集和传输的方法。

实验内容

实现 A/D 型传感器的采集和无线传输，并在 PC 串口上显示。

实验原理

通过 CC2530 的 A/D 口，采集传感器的模拟量，然后通过 ZigBee 无线发送给主控器，主控器通过串口把数据发送给上位机，这样上位机就能进行集中采集和处理。

本实验提供的 A/D 型传感器有光照、一氧化碳、可燃气、火焰传感器 4 种，传感器的 A/D 口为 CC2530 的 P0.0 口。

本实验有两种设备类型：主节点的主控器模块和从节点的传感器模块，连接拓扑图如图 8-17 所示。

1. 主控器模块和传感器模块的功能

（1）传感器模块负责定时采集传感器数据，并把采样数据打包后通过 ZigBee 无线发出给主控器模块。

（2）主控器模块负责接收传感器模块传来的无线数据，并发送到串口。

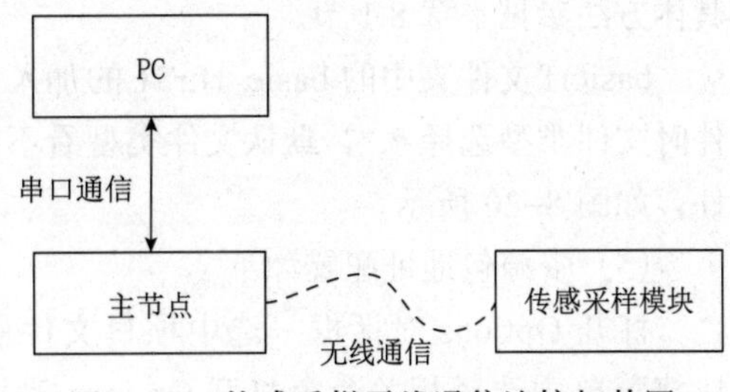

图 8-17 传感采样无线通信连接拓扑图

2. 通道参数规则

参照 Basic RF 实验 1 各参数的含义：

（1）主控制的传感器的 RF_CHANNEL 与 PAN_ID 要一致。

（2）主控制的 MY_ADDR 与传感器的 SEND_ADDR 要一致。

由于本实验传感器不接收数据，故传感器的 MY_ADDR 可任意设置；由于本实验主控器不发送数据，故主控器的 SEND_ADDR 可任意设置。建议发送与接收的地址互反，任意设置的地址可能会出现不确定的传输效果。

如果有多组同时进行试验，每组之间的 RF_CHANNEL 和 PAN_ID 至少要有一个参数不同；如果多组间的 RF_CHANNEL 和 PAN_ID 一样，会造成信号干扰，影响实验结果。

实验步骤

（1）本实验需要两块 CC2530 模块板，分别配置为主节点模块和从节点采样模块。通信地址部分设置基本相同，仅发送地址和接收地址相反，相互可实现无线串口数据双工通信。

参照 Basic RF 实验 2，创建主节点并完成配置，在 c 文件中输入“相关代码”中的内容；烧写代码到主模块板；连接主节点到 PC 串口，打开串口调试小助手界面，选择波特率 38 400。

提示：Basic RF 实验 1、Basic RF 实验 2 的实验代码，包含了基础的无线、串口通信功能，主程序流程中对无线、串口通信都有判别处理，此实验代码可作为后续进一步学习功能应用的基础代码，请作为基础源代码单独保存。

（2）复制主模块文件夹，改名为从节点，将 c 文件中发送地址与接收地址互换一下。

（3）配置采样传感器资源包 sensor_drv 文件夹，复制传感器资源包 sensor_drv 文件夹和 CC2530_lib 文件夹并列位置，如图 8-18 所示。传感器资源包文件夹与 Project 文件夹的相对位置决定配置地址路径。

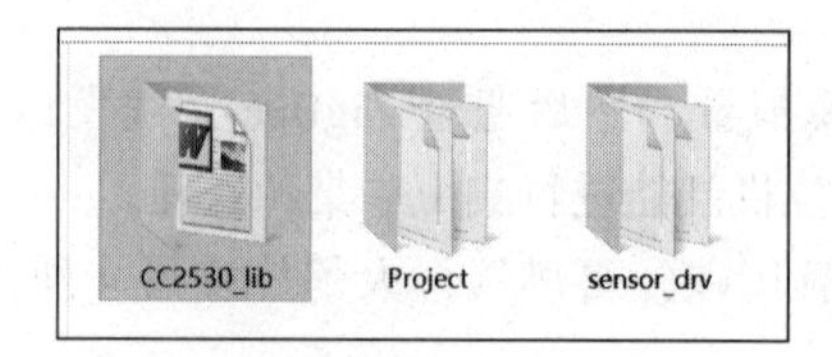

图 8-18　传感器资源包 sensor_drv 文件夹位置

（4）在项目文件中创建资源文件夹，如图 8-19 所示。具体方法参见本章 8.1 节。

basicrf 文件夹中的 basic_rf.r51 的加入，需要在选择文件时文件类型选择 *.*，默认文件类型看不到此扩展名的文件，如图 8-20 所示。

（5）资源包地址配置如下：

打开 Options 对话框：选中项目文件右击，在弹出的快捷菜单中选择相关命令打开 Options 对话框，或者在主菜单 Project 中选中 Options 命令，或者按【Alt+F7】组合键，配置如图 8-21 所示。

根据前面的文件夹 CC2530_lib、sensor_drv 与 Project 的相对位置关系配置调用资源包路径如下：

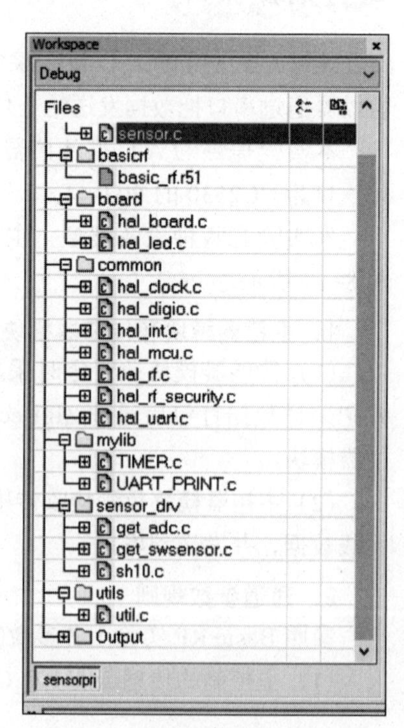

图 8-19　配置传感器资源文件夹

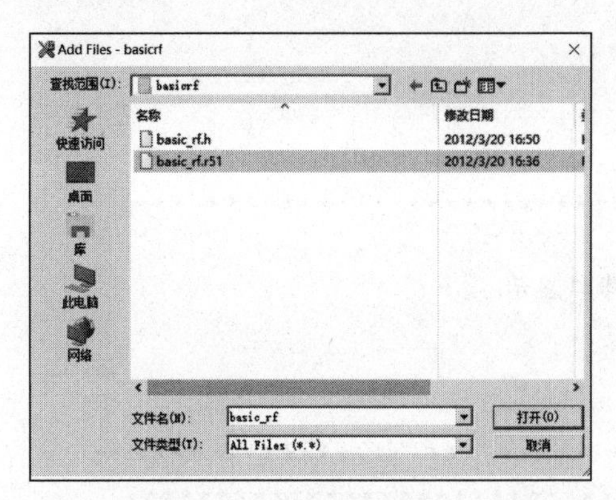

图 8-20 basicrf 文件夹中的 basic_rf.r51 文件加载

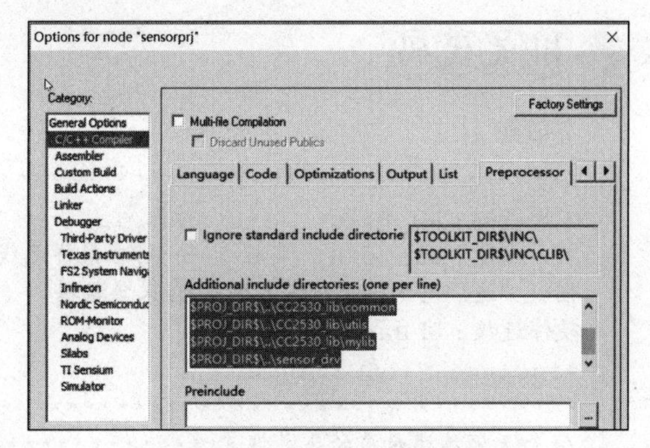

图 8-21 配置资源包路径

$PROJ_DIR$\..\CC2530_lib\basicrf
$PROJ_DIR$\..\CC2530_lib\board
$PROJ_DIR$\..\CC2530_lib\common
$PROJ_DIR$\..\CC2530_lib\utils
$PROJ_DIR$\..\CC2530_lib\MyLib
$PROJ_DIR$\..\sensor_drv

（6）主节点主程序主要功能流程图如图 8-22 所示。

从节点 A/D 采样模块采样代码设计：利用 RF 资源包提供的定时器 T4 函数，设计定时时间到，置位数据发送标志 APP_SEND_DATA_FLAG 为 1，主流程监测到该标志为 1 时，调用采样函数 get_adc() 获得采样值，发送无线到主节点，由主节点将收到的采样数据发送到 PC 串口显示，并置位 APP_SEND_DATA_FLAG 为 0。

从节点主程序主要功能流程图如图 8-23 所示。

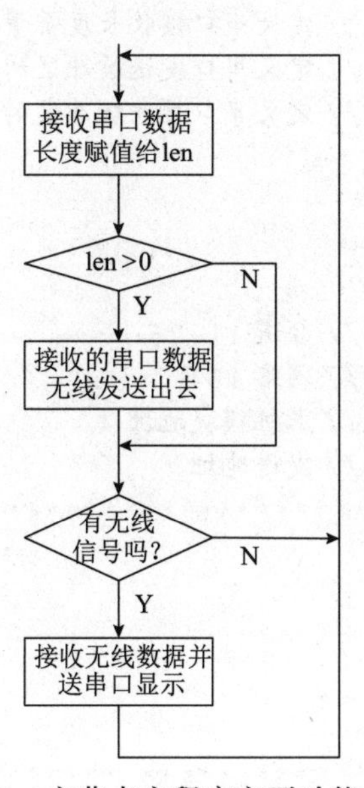

图 8-22 主节点主程序主要功能流程图

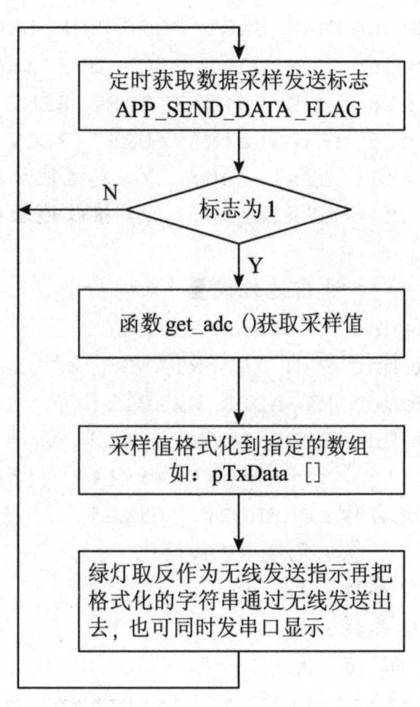

图 8-23 RF 实验 3 从节点采样模块主流程示意图

相关代码

主节点：

```
/***********************************************************************
文件名称：AD_rf.c
功    能：Basic Rf 实验3——A/D采样无线串口显示
描    述：无线接收传感器的A/D采集数据
硬件连接：同 Basic RF 实验1
#include "ioCC2530.h"
***********************************************************************/
/****源模块对应的头文件*******************************************/
#include "hal_defs.h"
#include "hal_cc8051.h"
#include "hal_int.h"
#include "hal_mcu.h"
#include "hal_board.h"
#include "hal_led.h"
#include "hal_rf.h"
#include "basic_rf.h"
#include "hal_uart.h"
#include <stdio.h>
#include <string.h>
#include <stdarg.h>

#define MAX_SEND_BUF_LEN  128                     //定义无线发送长度常量
#define MAX_RECV_BUF_LEN  128                     //定义无线接收长度常量
static uint8 pTxData[MAX_SEND_BUF_LEN];           //定义无线发送缓冲区变量
static uint8 pRxData[MAX_RECV_BUF_LEN];           //定义无线接收缓冲区变量
#define MAX_UART_SEND_BUF_LEN  128                //定义串口发送长度常量
#define MAX_UART_RECV_BUF_LEN  128                //定义串口接收长度常量
uint8 uTxData[MAX_UART_SEND_BUF_LEN];             //定义串口发送缓冲区的大小
uint8 uRxData[MAX_UART_RECV_BUF_LEN];             //定义串口接收缓冲区的大小
uint16 uTxlen=0;  //发送地址指针
uint16 uRxlen=0;  //接收地址指针

/*****通信地址设置******/
#define RF_CHANNEL 26                             //频道11~26
#define PAN_ID 0x1A5B                             //网络ID
#define MY_ADDR 0x1015                            //本机模块地址
#define SEND_ADDR 0xAC3A                          //发送地址
/***********************************************************************
函数名称：ConfigRf_Init()
功    能：无线RF初始化
入口参数：无
出口参数：无
返 回 值：无
***********************************************************************/
static basicRfCfg_t  basicRfConfig;               //申请结构变量
```

```
void ConfigRf_Init(void)
{
    basicRfConfig.panId=PAN_ID;            //ZigBee的ID号设置
    basicRfConfig.channel=RF_CHANNEL;      //ZigBee的频道设置
    basicRfConfig.myAddr=MY_ADDR;          //设置本机地址
    basicRfConfig.ackRequest=TRUE;         //应答信号
    while(basicRfInit(&basicRfConfig)==FAILED);
                                           //检测ZigBee的参数是否配置成功
    basicRfReceiveOn();                    //打开RF
}
/**************************************************************
函数名称：MyByteCopy
功    能：将 *src + srcstart 指示的地址的内容，逐个字符复制到 *dst +
        dststart 指示的目标地址区，长度为 len
入口参数：uint8*dst, int dststart, uint8*src, int srcstart, int len
出口参数：无
返 回 值：无
**************************************************************/
void MyByteCopy(uint8 *dst, int dststart, uint8 *src, int srcstart,
int len)
{
    int i;
    for(i=0; i<len; i++)
    {
        *(dst+dststart+i)=*(src+srcstart+i);
    }
}
/**************************************************************
函数名称：RecvUartData(uint *recv)
功    能：读串口数据
入口参数：无
出口参数：无
返 回 值：读取数据长度
**************************************************************/
uint16 RecvUartData(uint *recv)
{
    uint16 r_UartLen=0;
    uint8 r_UartBuf[128];
    uRxlen=0;
    r_UartLen=halUartRxLen();
    while(r_UartLen>0)
    {
        r_UartLen=halUartRead(r_UartBuf, sizeof(r_UartBuf));
        MyByteCopy(recv, uRxlen, r_UartBuf, 0, r_UartLen);
        uRxlen +=r_UartLen;
        halMcuWaitMs(5);
        //这里的延迟非常重要，因为串口连续读取数据时需要有一定的时间间隔
        r_UartLen=halUartRxLen();
```

```
    }
    return uRxlen;
}
/*************************************************************
函数名称：main
功    能：main 函数入口
入口参数：无
出口参数：无
返 回 值：无
*************************************************************/
void main(void)
{
    uint16 len=0;
    halBoardInit();                      // 模块相关资源的初始化
    ConfigRf_Init();                     // 无线收发参数的配置初始化
    halLedSet(3);
    halLedSet(4);
    while(1)
    {
        len=RecvUartData(uRxData);       // 接收串口数据
        if(len>0)
        {
            halLedToggle(3);             // 绿灯取反，无线发送指示
                                         // 把串口数据通过 ZigBee 发送出去
            basicRfSendPacket(SEND_ADDR, uRxData,len);
        }
        if(basicRfPacketIsReady())       // 查询是否收到无线信号
        {
                                         // 接收无线数据
            len=basicRfReceive(pRxData,MAX_RECV_BUF_LEN, NULL);
                                         // 接收到的无线字符串发送到串口显示
            halUartWrite(pRxData,len);
            halLedToggle(4);             // 红灯取反，无线接收指示
        }
    }
}
```

从节点：

```
/*************************************************************
文件名称：sensor.c
功    能：传感器采集无线发出
描    述：A/D型传感器有光照、一氧化碳、可燃气、火焰传感器，传感器的
          A/D采集端口为 CC2530 的 P0.0 口
硬件连接：同 RF 实验 1，在采样模块板上安装传感器，如光敏传感器
*************************************************************/
/**** 源模块对应的头文件 ****************************************/
#include "hal_defs.h"
#include "hal_cc8051.h"
#include "hal_int.h"
```

```
#include "hal_mcu.h"
#include "hal_board.h"
#include "hal_led.h"
#include "hal_rf.h"
#include "basic_rf.h"
#include "hal_uart.h"
#include "UART_PRINT.h"
#include "TIMER.h"
#include "get_adc.h"
#include "sh10.h"
#include "get_swsensor.h"
#include <string.h>

#define MAX_SEND_BUF_LEN  128
#define MAX_RECV_BUF_LEN  128
static uint8 pTxData[MAX_SEND_BUF_LEN]; //定义无线发送缓冲区的大小
static uint8 pRxData[MAX_RECV_BUF_LEN]; //定义无线接收缓冲区的大小

#define MAX_UART_SEND_BUF_LEN  128
#define MAX_UART_RECV_BUF_LEN  128
uint8 uTxData[MAX_UART_SEND_BUF_LEN];     //定义串口发送缓冲区的大小
uint8 uRxData[MAX_UART_RECV_BUF_LEN];     //定义串口接收缓冲区的大小
uint16 uTxlen=0;
uint16 uRxlen=0;
/*****通信地址设置******/
#define RF_CHANNEL           26          //频道 11~26
#define PAN_ID               0x1A5B      //网络 ID
#define MY_ADDR              0xAC3A      //本机模块地址
#define SEND_ADDR            0x1015      //发送地址
/**************************************************/
uint8   APP_SEND_DATA_FLAG;              //数据发送标志
/****************************************************************
函数名称:ConfigRf_Init()
功   能:无线 RF 初始化
入口参数:无
出口参数:无
返 回 值:无
****************************************************************/
static basicRfCfg_t basicRfConfig;       //无线 RF 初始化
void ConfigRf_Init(void)
{
  basicRfConfig.panId=PAN_ID;                 //ZigBee 的 ID 号设置
  basicRfConfig.channel=RF_CHANNEL;           //ZigBee 的频道设置
  basicRfConfig.myAddr=MY_ADDR;               //设置本机地址
  basicRfConfig.ackRequest=TRUE;              //应答信号
  while(basicRfInit(&basicRfConfig)==FAILED);
                                              //检测 ZigBee 的参数是否配置成功
  basicRfReceiveOn(); //打开 RF
```

```
}

/****************************************************************
函数名称：main
功    能：main函数入口
入口参数：无
出口参数：无
返 回 值：无
****************************************************************/
void main(void)
{
    uint8 pBufData[MAX_RECV_BUF_LEN];     //存放主机发送的编号
    uint16 sensor_val,sensor_tem;
    uint16  len=0;

    halBoardInit();                        //模块相关资源的初始化
    ConfigRf_Init();                       //无线收发参数的配置初始化
    halLedSet(1);
    halLedSet(2);
    Timer4_Init();                         //定时器初始化
    Timer4_On();                           //打开定时器
    while(1)
    {
        APP_SEND_DATA_FLAG=GetSendDataFlag();
        if(APP_SEND_DATA_FLAG==1)          //定时时间到
        {
            //传感器采集、处理开始
            sensor_val=get_adc();          //取模拟电压
            //把采集到的数据转化成字符串，以便在串口上显示观察
            printf_str(pTxData,"光照传感器电压：%d.%02dV\r\n",
            sensor_val/100,sensor_val%100);
            //传感器采集、处理结束，格式化显示数据在pTxData中
            //把数据通过ZigBee发送出去
            basicRfSendPacket(SEND_ADDR, pTxData,strlen(pTxData ));
            halUartWrite(pTxData,strlen(pTxData));
            //pTxData的数据也发到本地串口，便于调试
            Timer4_On();   //打开定时器T4
        }
        //无线接收START
    }
}
```

拓展练习

分别使用光照传感器（一氧化碳、可燃气、火焰传感器）、温湿度传感器、人体传感器检查无线采集数据的效果。

提示：根据函数介绍部分提供的三类采样函数，替换图8-23中采样函数get_adc()，并装配相应的采样传感器模块。

思考题

（1）主节点是否可以控制巡回采样 3 个模块的信息上传到 PC？如何实现？

（2）如何解决 3 个传感器模块同时上传信息不冲突的问题？

RF实验4 开关量控制实验

实验目的

掌握开关量输出控制的方法。

实验内容

实现 PC 串口发命令到主节点，无线控制从节点继电器或电动机开关，如图 8-24 所示。

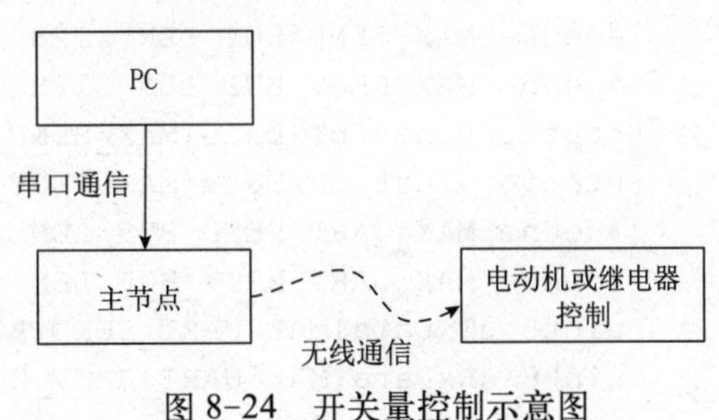

图 8-24　开关量控制示意图

实验原理

主节点实现无线收发与串口接收命令，从节点实现无线接收命令，实现控制。

实验步骤

（1）参照 Basic RF 实验 2，创建主节点并完成配置，在 c 文件中输入“相关代码”中主节点的内容；烧写代码到主模块模板；连接主节点到 PC 串口，打开串口调试小助手界面，选择波特率 38400。通过串口小助手界面发送设计的命令‘4’，‘5’，‘6’给从节点控制继电器或电动机。(与 Basic RF 实验 2 配置设计可以完全相同)

（2）复制主节点为从节点，修改文件夹名称为：从节点 _ 继电器。

（3）将从节点 _ 继电器文件夹中的 project 文件夹中的文件删除，在其中重新创建 workspace 和 project 保存为相关名称，创建 c 文件命名为 relay.c，参照 Basic RF 实验 2 主节点配置完成相应配置，录入文件代码（参见“相关代码”的从节点的内容）。

（4）从节点与主节点的收发地址互换对应。

相关代码

主节点代码：完全复制 Basic RF 实验 2 代码（无线串口通信基本框架代码）。

从节点代码：

注意：程序中保留了串口读的函数，即从节点如果接 PC，也可以接收串口数据。不使用也不影响程序主体功能。

```
/*****************************************************************
文件名称：relay_rf.c
功    能：开关量输出控制
```

```
描    述：无线接收主节点的命令控制开关量输出
硬件连接：同 Basic RF 实验 1，传感器接口接继电器或电动机
***********************************************************/
#include "ioCC2530.h"
/**** 源模块对应的头文件 ***************************************/
#include "hal_defs.h"
#include "hal_cc8051.h"
#include "hal_int.h"
#include "hal_mcu.h"
#include "hal_board.h"
#include "hal_led.h"
#include "hal_rf.h"
#include "basic_rf.h"
#include "hal_uart.h"

#define MAX_SEND_BUF_LEN  128                //定义无线发送长度常量
#define MAX_RECV_BUF_LEN  128                //定义无线接收长度常量
static uint8 pTxData[MAX_SEND_BUF_LEN];      //定义无线发送缓冲区变量
static uint8 pRxData[MAX_RECV_BUF_LEN];      //定义无线接收缓冲区变量
#define MAX_UART_SEND_BUF_LEN  128           //定义串口发送长度常量
#define MAX_UART_RECV_BUF_LEN  128           //定义串口接收长度常量
uint8 uTxData[MAX_UART_SEND_BUF_LEN];        //定义串口发送缓冲区的大小
uint8 uRxData[MAX_UART_RECV_BUF_LEN];        //定义串口接收缓冲区的大小
uint16 uTxlen=0;                             //发送地址指针
uint16 uRxlen=0;                             //接收地址指针
/***** 通信地址设置 ******/
#define RF_CHANNEL           26              //频道 11~26
#define PAN_ID               0x1A5B          //网络 ID
#define MY_ADDR              0xAC3A          //本机模块地址
#define SEND_ADDR            0x1015          //发送地址
/***********************************************************/
static basicRfCfg_t basicRfConfig;
/**********************************************************/
void MyByteCopy(uint8 *dst, int dststart, uint8 *src, int srcstart,
int len)
{
    int i;
    for(i=0; i<len; i++)
    {
        *(dst+dststart+i)=*(src+srcstart+i);
    }
}
/***********************************************************
函数名称：MyByteCopy
功    能：将 *src+srcstart 指示的地址的内容，逐个字符复制到 *dst+dstst-art 指示
          的目标地址区，长度为 len
入口参数：uint8 *dst,int dststart,uint8 *src,int srcstart,int len
出口参数：无
```

```
返 回 值：无
*************************************************************/
void MyByteCopy(uint8 *dst, int dststart, uint8 *src, int srcstart,
int len)
{
    int i;
    for(i=0; i<len; i++)
    {
        *(dst+dststart+i)=*(src+srcstart+i);
    }
}
/*************************************************************
函数名称：RecvUartData(uint8 *recv)
功    能：读串口数据
入口参数：无
出口参数：无
返 回 值：读取数据长度
*************************************************************/
uint16 RecvUartData(uint8 *recv)
{
    uint16 r_UartLen=0;
    uint8 r_UartBuf[128];
    uRxlen=0;
    r_UartLen=halUartRxLen();
    while(r_UartLen>0)
    {
        r_UartLen=halUartRead(r_UartBuf, sizeof(r_UartBuf));
        MyByteCopy(recv, uRxlen, r_UartBuf, 0, r_UartLen);
        uRxlen +=r_UartLen;
        halMcuWaitMs(5);
 //这里的延迟非常重要，因为recv串口连续读取数据时需要有一定的时间间隔
        r_UartLen=halUartRxLen();
    }
    return uRxlen;
}
/*************************************************************
函数名称：main
功    能：main函数入口
入口参数：无
出口参数：无
返 回 值：无
*************************************************************/
void main(void)
{
    uint16 len=0;
    halBoardInit();                          //模块相关资源的初始化
    ConfigRf_Init();                         //无线收发参数的配置初始化
    while(1)
```

```
        {
            //接收串口数据START
            len=RecvUartData(uRxData);
            if(len>0)
            {
                halLedToggle(3);            //绿灯取反，无线发送指示
                //把串口数据通过ZigBee发送出去
                basicRfSendPacket(SEND_ADDR, uRxData,len);
            }
            //串口接收处理END

            if(basicRfPacketIsReady())      //查询是否收到无线信号
            {
                halLedToggle(4);            //红灯取反，无线接收指示
                                            //接收无线数据
                len=basicRfReceive(pRxData,MAX_RECV_BUF_LEN, NULL);
                //接收到的无线数据处理
                if(pRxData[0]==0x34)        //设计命令为4的ASCII码为0x34
                {                           //打开继电器
                     halLedSet(1);          //绿灯亮指示继电器打开
                     HAL_DC_START_1();      //打开继电器
                }
                if(pRxData[0]==0x35)        //设计命令为5
                {                           //关闭继电器
                    halLedClear(1);         //绿灯灭指示继电器关闭
                    HAL_DC_STOP_1();        //关闭继电器
                }
                if(pRxData[0]==0x36)        //设计命令为6
                {                           //取反继电器
                    halLedToggle(1);
                    HAL_DC_TGL_1();         //取反继电器
                }
            }
        }
    }
```

拓展练习

主节点插光敏传感器，可以根据采样光敏传感器的数据，给定一个上下限比较值，决定继电器的开（打开窗帘），或者反向转动（关闭窗帘），或者关（在开或关信号后2 s后停止）。

思考题

（1）串口输入的控制命令为4，为什么程序中比较的是0x34？

（2）回顾一下前面的数据协议设计原则，解释控制命令为何选择0x34、0x35、0x36？

Basic RF 组网实验

在 Basic RF 实验 3 中，提出思考题，主节点是否可以控制巡回采样 3 个模块的信息上传到 PC，并解决 3 个以上传感器模块同时上传信息不冲突的问题。实现这样的功能就是无线组网。

现场经常需要采集不同类型的多个传感器数据，并且根据采样数据进行不同限值的比较，控制其他设备，例如 LED、继电器、电动机等。采样获得的多组数据需要上传到 PC 进行统一管理，除了模块之间的自动控制以外，还可以加入人工命令控制。组网方式可以是同级的，也可以是级联的，同级数量不超过 255 点为宜。但是实际应用设计要考虑数据交流的时间实时性要求，符合实现反应应用需求。

前面的基础模块功能学习，已经可以支持实现这些功能。下面通过多个实验分别介绍实现的方法。

9.1 基于 Basic RF 的定时数据监测

多组数据传输到 PC，需要多个串口通道，这样既不经济也不科学。我们设计一个担任协调器的主节点与 PC 串口连接，多个从节点（实验案例以 3 个为例）将采集到的数据用无线发送给主节点，再由主节点传给 PC。多个从节点发送给一个主节点，不加控制数据可能会堵塞或丢失，所以通过主机发命令的方式，控制从节点给主节点发送数据。

（1）PC 分别给主节点以广播的方式发送命令 1，2，3。

（2）从节点接收到无线命令，判断一下命令是否是发给自己的，如果不是，则不予理睬；如果是，则将自己采样到的数据以格式化的字符串无线发送给主节点。

数据采样组网拓扑结构如图 9-1 所示。图中未标箭头的虚线表示双向无线通信。

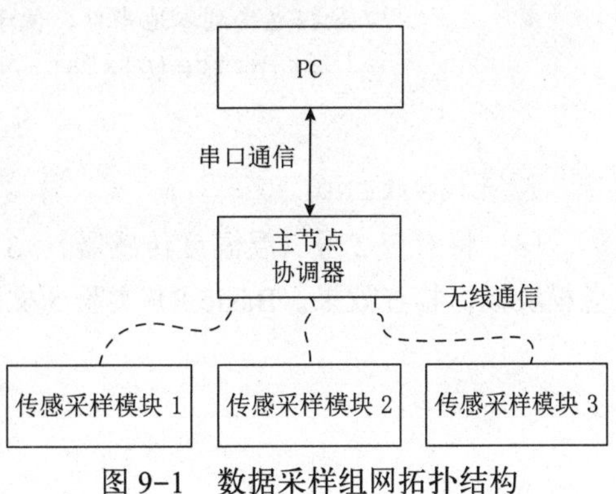

图 9-1　数据采样组网拓扑结构

RF实验5 主节点_串口发送 1，2，3 收 123 对应采样板的数据

实验目的

掌握无线组网编程基本技巧。

实验内容

实现 PC 串口发命令到主节点，无线控制从节点发回采样数据。

实验原理

主节点实现串口接收命令无线发送到从节点，接收以节点采样值发送到 PC 串口显示；从节点实现无线接收命令，发回采样数据。

实验步骤

（1）将 Basic RF 实验 2 主节点代码烧写到主模块板；连接主节点到 PC 串口，打开串口调试小助手界面，选择波特率 38 400。

（2）将 Basic RF 实验 3 从节点代码分别选择 3 种不同传感器的采样程序（例如：光敏、温湿度、人体传感器），并在主程序中修改判断程序如下：

```
//无线接收 START
    if(basicRfPacketIsReady())          //查询是否收到无线信号
    {
      halLedToggle(4);                  //红灯取反，无线接收指示
                                        //接收无线数据，编号
      len=basicRfReceive(pBufData, MAX_RECV_BUF_LEN, NULL);
      //判断接收的字符是否为对应编号，如果是，将 pTxData 无线发送到主模块
      if(pBufData[0]==0x31)             //0x31 对应模块板 1 号，光敏传感器采集模块
      {
          //把数据通过 ZigBee 发送出去
          basicRfSendPacket(SEND_ADDR, pTxData,strlen(pTxData ));
          //数据也发到本地串口，便于调试
          halUartWrite(pTxData,strlen(pTxData));
      }
    }
//无线接收 END
```

（3）将对应 2 号（温湿度传感器）、3 号（人体传感器）采样模板的代码，分别烧写到相应模块板，检查效果。Basic RF 实验 5 文件管理如图 9-2 所示。

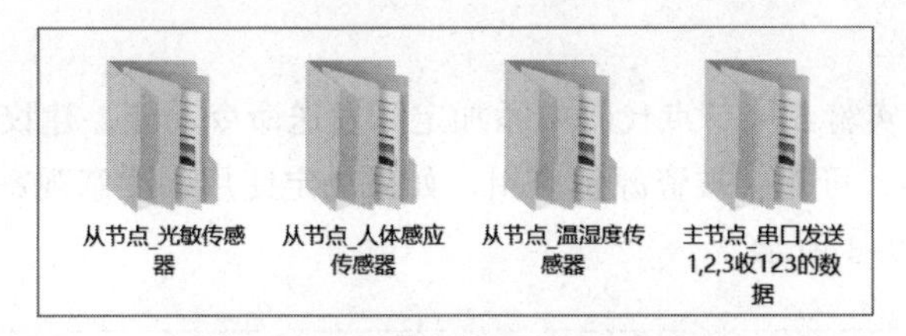

图 9-2 Basic RF 实验 5 文件管理

相关代码

根据前面实验步骤的介绍，参考 Basic RF 实验 2、RF 实验 3，自行设计。

拓展练习

如何实现全自动采样数据接收显示？

思考题

回顾前面介绍的数据协议概念，设计合理的命令格式。

RF实验6 主节点_定时器 T1 正计数 / 倒计数模式 2 s 循环收 123 数据

实验目的

掌握无线组网编程基本逻辑与技巧。

实验内容

实现主节点定时发命令到从节点，无线控制从节点发回采样数据。

实验原理

主节点定时组织命令分时无线发送到从节点，从节点实现无线接收命令，发回采样数据到主节点。实现原理为在主节点程序主流程中添加定时控制。

T3 定时器应用：

（1）确定时间间隔、设置初始化、开放 T3 中断。

（2）T3 中断服务程序设计。注意，T3 定时器为 8 位计数器，需要多次循环计数达到需要的计数时间。

实验步骤

（1）Basic RF 实验 5 从节点代码，分别选择 3 种不同传感器的采样程序，烧写 3 块采样模块，实现广播收听，收听到发给自己的命令就上传采样值，否则就循环采样，保持缓存区中最新的参数。

（2）在 Basic RF 实验 5 主节点代码中添加定时发送命令功能。建议使用不常用的定时器 T3，T1 是常用定时器，可能会被资源包应用，如果决定使用，注意观察是否冲突。Basic RF 实验 6 文件管理如图 9-3 所示。

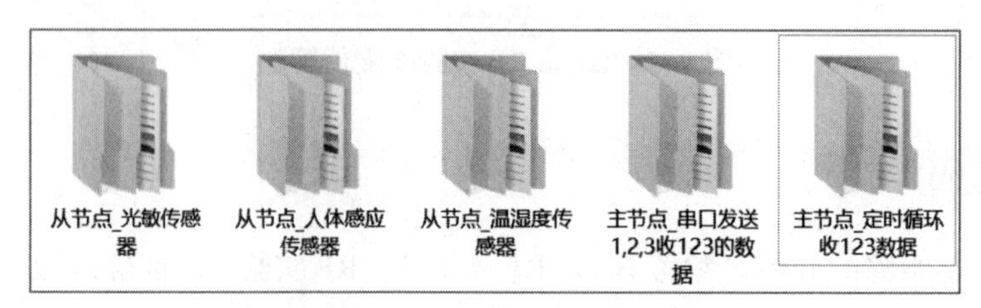

图 9-3　RF 实验 6 文件管理

相关代码

主节点代码：主节点 _ 定时器 T3 正计数 / 倒计数模式 1s 循环收 123 数据。

```
/*************************************************************
文件名称：collect_rf.c
功    能：多模块 A/D 采样无线接收串口显示
描    述：无线接收传感器的 A/D 采集数据
硬件连接：同 Basic RF 实验 1
*************************************************************/
/**** 资源模块对应的头文件 ****************************************/
#include "hal_defs.h"
#include "hal_cc8051.h"
#include "hal_int.h"
#include "hal_mcu.h"
#include "hal_board.h"
#include "hal_led.h"
#include "hal_rf.h"
#include "basic_rf.h"
#include "hal_uart.h"
#include <stdio.h>
#include <string.h>
#include <stdarg.h>
#define MAX_SEND_BUF_LEN  128                  //定义无线发送长度常量
#define MAX_RECV_BUF_LEN  128                  //定义无线接收长度常量
static uint8 pTxData[MAX_SEND_BUF_LEN];        //定义无线发送缓冲区变量
static uint8 pRxData[MAX_RECV_BUF_LEN];        //定义无线接收缓冲区变量
#define MAX_UART_SEND_BUF_LEN  128             //定义串口发送长度常量
#define MAX_UART_RECV_BUF_LEN 128              //定义串口接收长度常量
uint8 uTxData[MAX_UART_SEND_BUF_LEN];          //定义串口发送缓冲区的大小
uint8 uRxData[MAX_UART_RECV_BUF_LEN];          //定义串口接收缓冲区的大小
uint16 uTxlen=0;                               //发送地址指针
uint16 uRxlen=0;                               //接收地址指针

/***** 通信地址设置 ******/
```

```
#define RF_CHANNEL          26              // 频道 11~26
#define PAN_ID              0x1A5B          // 网络 ID
#define MY_ADDR             0x1015          // 本机模块地址
#define SEND_ADDR           0xAC3A          // 发送地址
/****************************************************************
函数名称：ConfigRf_Init()
功    能：无线 RF 初始化
入口参数：无
出口参数：无
返 回 值：无
****************************************************************/
static basicRfCfg_t  basicRfConfig;         // 申请结构变量
void ConfigRf_Init(void)
{
    basicRfConfig.panId=PAN_ID;             //ZigBee 的 ID 号设置
    basicRfConfig.channel=RF_CHANNEL;       //ZigBee 的频道设置
    basicRfConfig.myAddr=MY_ADDR;           // 设置本机地址
    basicRfConfig.ackRequest=TRUE;          // 应答信号
    while(basicRfInit(&basicRfConfig)==FAILED);
                                            // 检测 ZigBee 的参数是否配置成功
    basicRfReceiveOn();                     // 打开 RF
}
/****************************************************************
函数名称：MyByteCopy
功    能：将 *src + srcstart 指示的地址的内容，逐个字符复制到 *dst+
        dststart 指示的目标地址区，长度为 len
入口参数：uint8*dst,int dststart,uint8*src,int srcstart,int len
出口参数：无
返 回 值：无
****************************************************************/
void MyByteCopy(uint8*dst,int dststart,uint8*src,int srcstart, int
len)
{
    int i;
    for(i=0; i<len; i++)
    {
      *(dst+dststart+i)=*(src+srcstart+i);
    }
}
/****************************************************************
函数名称：RecvUartData(uint *recv)
功    能：读串口数据
入口参数：无
出口参数：无
返 回 值：读取数据长度
****************************************************************/
uint16 RecvUartData(uint *recv)
{
    uint16 r_UartLen=0;
```

```
    uint8 r_UartBuf[128];
    uRxlen=0;
    r_UartLen=halUartRxLen();
    while(r_UartLen>0)
    {
        r_UartLen=halUartRead(r_UartBuf, sizeof(r_UartBuf));
        MyByteCopy(recv, uRxlen, r_UartBuf, 0, r_UartLen);
        uRxlen +=r_UartLen;
        halMcuWaitMs(5);
        //这里的延迟非常重要，因为串口连续读取数据时需要有一定的时间间隔
        r_UartLen=halUartRxLen();
    }
    return uRxlen;
}
/*****************************************************************
函数名称：main
功    能：main 函数入口
入口参数：无
出口参数：无
返 回 值：无
*****************************************************************/
uint8   APP_SEND_DATA_FLAG;
void main(void)
{
  uint16 len=0;
  uint8 uBufData[MAX_UART_SEND_BUF_LEN];
  uint8 sensor_number=0;

  //定时器 T3 初始化
  CLKCONCMD &=0x80;                    //时钟源设置为 32MHz
  T3CTL=0x7f;                          // T3 通道 0，8 分频；正计数/倒计数模式；
  T3CC0=250;                           //比较值 250×2×8 000 约 1s
  T3IF=0;
  T3IE=1;                              //定时器 T3 使能

  halBoardInit();                      //模块相关资源的初始化
  ConfigRf_Init();                     //无线收发参数的配置初始化

  halLedSet(4);
  while(1)
  {
    len=RecvUartData(uRxData);     //接收串口数据
    if(len>0)
    {
      halLedToggle(3);                 //绿灯取反，无线发送指示
                                       //把串口数据通过 ZigBee 发送出去
      basicRfSendPacket(SEND_ADDR, uRxData,len);
    }
    //定时发送 START
```

```
    if(APP_SEND_DATA_FLAG==1)       //定时时间到
    {
      APP_SEND_DATA_FLAG=0;
      if(sensor_number==0)
      {
        uBufData[0]=0x31;           //命令"1"，表示向 1 号模块要数据
        basicRfSendPacket(SEND_ADDR, uBufData,1);
        sensor_number++;
      }
      else if(sensor_number==1)
      {
        uBufData[0]=0x32;           //命令"2"，表示向 2 号模块要数据
        basicRfSendPacket(SEND_ADDR, uBufData,1);
        sensor_number++;
      }
      else if(sensor_number==2)
      {
        uBufData[0]=0x33;           //命令"3"，表示向 3 号模块要数据
        basicRfSendPacket(SEND_ADDR, uBufData,1);
        sensor_number=0;
      }
    }
    //定时发送 END
    if(basicRfPacketIsReady())      //查询是否收到无线信号
    {
      halLedToggle(4);              //红灯取反，无线接收指示
                                    //接收无线数据
      basicRfReceive(pRxData, MAX_RECV_BUF_LEN, NULL);
    }
  }
}
/*************************************************************
功能：定时器 T3 中断服务程序
*************************************************************/
unsigned int counter1=0;            //计数统计 T3 溢出次数
#pragma vector=T3_VECTOR            //中断服务子程序
__interrupt void T3_ISR(void)
{
  counter1++;
  if(counter1>=8000)                //8000 次约 1s
  {
    counter1=0;
    halLedToggle(3);
    APP_SEND_DATA_FLAG=1;
  }
  T3IF=0;
}
```

从节点代码：光敏传感器，1 号模块，其他模块类似，修改采样程序即可

```
/*************************************************************
```

```
文件名称：sensor_rf.c
功    能：A/D 采样无线发送主节点
描    述：传感器数据采集模块
硬件连接：同 RF 实验 1
**** 资源模块对应的头文件 ****************************************/
#include "hal_defs.h"
#include "hal_cc8051.h"
#include "hal_int.h"
#include "hal_mcu.h"
#include "hal_board.h"
#include "hal_led.h"
#include "hal_rf.h"
#include "basic_rf.h"
#include "hal_uart.h"
#include "UART_PRINT.h"
#include "TIMER.h"
#include "get_adc.h"
#include "sh10.h"
#include "get_swsensor.h"
#include <string.h>

#define MAX_SEND_BUF_LEN  128                    //定义无线发送长度常量
#define MAX_RECV_BUF_LEN  128                    //定义无线接收长度常量
static uint8 pTxData[MAX_SEND_BUF_LEN];          //定义无线发送缓冲区变量
static uint8 pRxData[MAX_RECV_BUF_LEN];          //定义无线接收缓冲区变量

#define MAX_UART_SEND_BUF_LEN  128               //定义串口发送长度常量
#define MAX_UART_RECV_BUF_LEN  128               //定义串口接收长度常量
uint8 uTxData[MAX_UART_SEND_BUF_LEN];            //定义串口发送缓冲区的大小
uint8 uRxData[MAX_UART_RECV_BUF_LEN];            //定义串口接收缓冲区的大小
uint16 uTxlen=0;                                 //发送地址指针
uint16 uRxlen=0;                                 //接收地址指针


/***** 通信地址设置 ******/
#define RF_CHANNEL 26                            //频道 11~26
#define PAN_ID 0x1A5B                            //网络 ID
#define MY_ADDR 0xAC3A                           //本机模块地址
#define SEND_ADDR 0x1015                         //发送地址

/*************************************************************
函数名称：ConfigRf_Init()
功    能：无线 RF 初始化
入口参数：无
出口参数：无
返 回 值：无
************************************************************/
static basicRfCfg_t  basicRfConfig;    //申请结构变量
```

```
void ConfigRf_Init(void)
{
   basicRfConfig.panId=PAN_ID;          //ZigBee 的 ID 号设置
   basicRfConfig.channel=RF_CHANNEL;    //ZigBee 的频道设置
   basicRfConfig.myAddr=MY_ADDR;        //设置本机地址
   basicRfConfig.ackRequest=TRUE;       //应答信号
   while(basicRfInit(&basicRfConfig)==FAILED);
                                        //检测 ZigBee 的参数是否配置成功
   basicRfReceiveOn();                  //打开 RF
}
/************************************************************
函数名称：main
功    能：main 函数入口
入口参数：无
出口参数：无
返 回 值：无
************************************************************/
uint8   APP_SEND_DATA_FLAG;              //数据发送标志
void main(void)
{
    uint8 pBufData[MAX_RECV_BUF_LEN]; //存放主机发送的模块编号
    uint16 sensor_val,sensor_tem;
    uint16  len=0;

    halBoardInit();                      //模块相关资源的初始化
    ConfigRf_Init();                     //无线收发参数的配置初始化
    halLedSet(1);
    halLedSet(2);
    Timer4_Init();                       //定时器初始化
    Timer4_On();                         //打开定时器
    while(1)
    {
      APP_SEND_DATA_FLAG=GetSendDataFlag();
      if(APP_SEND_DATA_FLAG==1)          //定时时间到
      {
         //传感器采集、处理开始
         //光照传感器
         sensor_val=get_adc();           //取模拟电压
         //把采集到的数据转化成字符串，以便于在串口上显示观察
         printf_str(pTxData,"L%d.%02d#\r\n",sensor_val/100,
         sensor_val%100);
         //传感器采集、处理结束，格式化显示数据在 pTxData 中
         halUartWrite(pTxData,strlen(pTxData));
         //数据也发到本地串口，便于调试
        Timer4_On();                     //打开定时器 T4
      }
     //无线接收 START
     if(basicRfPacketIsReady())          //查询是否收到无线信号
     {
```

```
            halLedToggle(4);                    // 红灯取反，无线接收指示
                                                // 接收无线数据，编号
            len=basicRfReceive(pBufData, MAX_RECV_BUF_LEN, NULL);
    // 判断接收的字符是否为对应模块编号，如果是，将 pTxData 无线发送到主模块
            if(pBufData[0]==0x31)
            // 收到命令 "1"，则向主节点发送数据
            {
            // 把数据通过 ZigBee 发送出去
              basicRfSendPacket(SEND_ADDR,pTxData,strlen(pTxData ));
             }
           }
         // 无线接收 END
       }
    }
```

拓展练习

（1）修改为主节点 _ 定时器 T3 采用模模式或自由运行模式，1 s 循环收 123 数据。

（2）主节点将分时收到的 3 类采样数据组合到一起，送串口 PC 显示。

思考题

前面介绍过定时器 T4 的函数，可以使用定时器 T4 的函数控制时间间隔吗？如果使用定时器 T4 实现相同功能，需要修改哪些地方？

9.2 基于 Basic RF 的数据监测与控制

传感器数据采集显示是 A/D 采样的基础应用，更实际的应用是根据采样值控制某些设备，实现物联网自动控制的基础部分功能。下面的实验实现光敏采样值的变化，控制继电器或电动机。

光敏传感器采样值控制电动机运行组网拓扑结构如图 9-4、图 9-5 所示。下面以图 9-4 所示模式介绍设计编程，单向无线通信为带箭头的虚线。

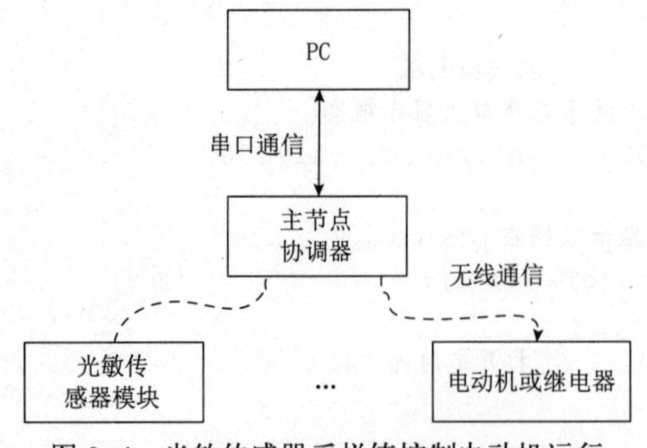

图 9-4　光敏传感器采样值控制电动机运行组网拓扑结构 1

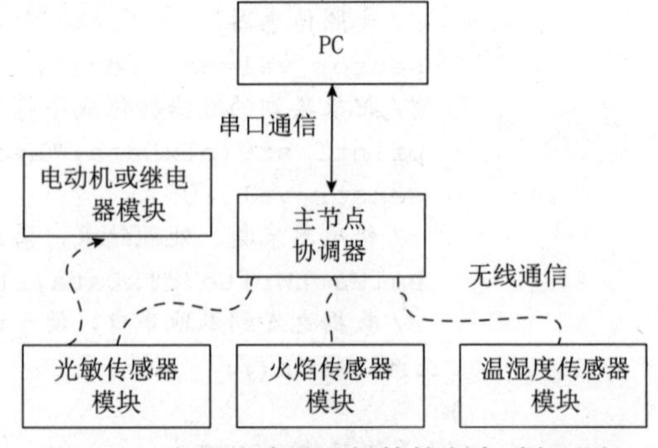

图 9-5　光敏传感器采样值控制电动机运行组网拓扑结构 2

数据传输需要确定数据传输协议。在多个采样模块组网结构里，合理设计数据协议的组织可以减少编写程序的复杂性。假设设计数据协议如下：

（1）从节点上传数据序列：标志位 1 到 n 字符，后续跟数据位（以格式化为准），结束符为 # 符号。例如：

```
L2.3#，表示光敏数据 2.3。
P1#，表示人体数据 1。
T45，65#，表示温度 45，湿度 65。
```

（2）主节点下传命令序列 AB：A 为一个字符编号，表示从节点编号；B 为 #（作为结束符，也可以省略）。例如：

```
1#，表示主节点发命令需要获取 1 号从模块提取采样值。
```

（3）主节点接收到的是数据字符串，直接上传到串口，串口即可显示数据；如果需要判断与控制上限值比较，则需要字符串的具体 ADC 数值量，如要将光敏值 2.3 从字符串里解析出来，赋值给 float 变量，在后续实验中介绍解析思路。

RF实验7 光敏传感器控制继电器运行

实验目的

掌握无线组网控制基本设计技巧。

实验内容

实现主节点根据从节点发回采样数据无线控制其他设备。

实验原理

主节点定时组织命令分时无线发送到从节点，从节点实现无线接收命令，发回采样数据到主节点。主节点根据收到的采样值与预定的上限值比较，超过上限值则发出对控制设备模块的控制命令，启动电动机运行；恢复正常值返回则控制停止运行。

上限值判断设计思路：

（1）初始申请一个上限值变量，并赋值。例如：

```
float valueLmax=25;       //表示申请光敏上限值变量 valueLmax，初值 25
```

（2）从传输获得的字符串中得到数值量。本实验接收字符串在 pRxData[] 数组中，下面来设计一个解析程序。根据前面设计的数据协议，字符串开头是标识字符，可以限定字符个数（建议这样做，解析程序可以做得简单些），比如前面的 L，一个字符表光敏，那么第二个开始就是数据位，直到结束字符。申请一个临时 buf[]，长度足够存放数据即可，然后利用 for 循环，判断长度结束符，获得纯数据字符串，再把纯数据字符串用 C 函数转换为数值量即可。

案例：假设 pRxData[] 数组中为“L2.3#”，用 strlen(pRxData) 函数获得数组长度，作为数组长度循环控制上限值。

```
int sizeBuff=30;      //假设临时 buf[] 长度为 30，根据实际数据修改，宜大不宜小
```

```
uint8 BufData[sizeBuff];                    // 用于存放纯数值采样值字符的缓存区
float  valueL;                              // 用于存放光敏采样值的数值变量
for(int i=0 ; i<=sizeBuff; i++)             // 初始先清 BufData 缓存
BufData[i]=0x00;
for(int i=1;i<=strlen(pRxData);i++)
{
  if(pRxData[i] !="#")                      // 判断不是结束符 # 就复制到 BufData 中
BufData[i-1]=pRxData[i];                    // 将纯数据字符串复制到 BufData 数组中
}
sscanf(BufData,"%3f",&valueL);              // 将 BufData 数组中的纯数据字符串
                                            // 转换成数值量赋值于数值变量 valueL
```

(3) 上限值比较控制电动机

已经获得的光敏采样数据在 valueL 中，初始化时，可以申请变量预置上限值，如在 valueLmax 中，采样值与之比较后发出控制命令 4，表示控制模块 4 启动电动机运行，或者发出控制命令 5，表示控制模块 4 停止电动机运行（参见 RF 实验 4 从节点代码）：

```
if(valueL>valueLmax)
   uBufData[0]=0x34;                        // 启动电动机命令
else if(valueL<valueLmax)
   uBufData[0]=0x35;                        // 停止电动机命令
basicRfSendPacket(SEND_ADDR, uBufData,1);
```

(4) 温湿度数据字符串为组合格式，参照上述步骤 (2) 设计思路，设计步骤 (2) 解析程序，获得对应数字量，再按步骤 (3) 的方式处理上下限控制。

实验步骤

(1) Basic RF 实验 6 从节点代码，选择光敏传感器的采样程序，烧写采样光敏传感器模块。

(2) 在 Basic RF 实验 6 主节点代码中添加无线接收数据的分项处理模块，程序框架如后续“相关代码”中所示。

(3) 根据功能需要完善相关代码框架中的相关处理功能代码。

相关代码

主节点代码：主流程中添加无线接收数据的分项处理模块框架。其他代码与 RF 实验 6 主节点代码相同。注意：比较 main() 函数中代码的区别。

```
/*******************************************************************
函数名称：main
功    能：main 函数入口
入口参数：无
出口参数：无
返 回 值：无
*******************************************************************/
uint8   APP_SEND_DATA_FLAG;
void main(void)
{
  uint16 len=0;
```

```
uint8 uBufData[MAX_UART_SEND_BUF_LEN];
uint8 sensor_number=0;

CLKCONCMD &=0x80;                    //时钟源设置为 32MHz
T3CTL=0x7f;                          //T3 通道 0，8 分频 ；正计数 / 倒计数模式 ；
T3CC0=250;                           //比较值 250*2*8000 约 1s
T3IF=0;
T3IE=1;                              //定时器 T3 使能

halBoardInit();                      //模块相关资源的初始化
ConfigRf_Init();                     //无线收发参数的配置初始化

halLedSet(4);
while(1)
{
  len=RecvUartData(uRxData);         //接收串口数据命令
  if(len>0)
  {
    halLedToggle(3);                 //绿灯取反，无线发送指示
                                     //把串口数据通过 ZigBee 发送出去
    basicRfSendPacket(SEND_ADDR, uRxData,len);
  }
                                     //定时发送 START
  if(APP_SEND_DATA_FLAG==1)          //定时时间到
  {
    APP_SEND_DATA_FLAG=0;
    if(sensor_number==0)
    {
      uBufData[0]=0x31;
      basicRfSendPacket(SEND_ADDR, uBufData,1);
      sensor_number++;
    }
    else if(sensor_number==1)
    {
      uBufData[0]=0x32;
      basicRfSendPacket(SEND_ADDR, uBufData,1);
      sensor_number++;
    }
    else if(sensor_number==2)
    {
      uBufData[0]=0x33;
      basicRfSendPacket(SEND_ADDR, uBufData,1);
      sensor_number=0;
    }
  }
  //定时发送 END

 //无线接收处理 START
```

```
    if(basicRfPacketIsReady())            //查询是否收到无线信号
     {
       halLedToggle(4);                   //红灯取反，无线接收指示
       //接收无线数据
       basicRfReceive(pRxData, MAX_RECV_BUF_LEN, NULL);
       if(pRxData[0]=='P')                //从模块发出的数据以 P 开头
       {
         halUartWrite(pRxData,6);         //接收到的无线字符串发送到串口显示
        //人体传感器采样值，此处需要从 pRxData 数组中拆出人体采样数字量 0 或 1
       }
       if(pRxData[0]=='L')                //光敏从模块发出的数据以 L 开头
       {
         halUartWrite(pRxData,9);         //接收到的数据无线发送到本机连接串口数
         // 光照处理：采样值 valueL 与上限值 valueLmax 比较处理
         //此处需要从 pRxData 数组中拆出光照采样数值 valueL 与 valueLmax
         //比较，然后发出控制命令，参见前面实验原理
       }
       if(pRxData[0]=='T')                //从模块发出的数据以 T 开头
       {
         halUartWrite(pRxData,16); //接收到的无线字符串发送到串口显示
         //温湿度处理：上限分别为 value1、value2
         //此处需要从 pRxData 数组中拆出温湿度采样数值与 value1，value2
         //比较，然后发出控制命令，参见前面实验原理
        }
         //注意：处理完数值后，在此位置，加一段程序清空接收缓存 pRxData，
         //防止每次接收数据长度不一样导致叠加的乱码
         memset(pRxData,0x00,MAX_RECV_BUF_LEN);
     }
     //无线接收处理 END
    }
 }
```

拓展练习

如果比较值不限于上限比较值，还要比较下限值，如何实现？

思考题

如何在运行状态下修改上下限的初值？

提示：动态上下限值可以通过串口设置；需要设计合适的数据协议组织上下限值设置命令字符串；在主节点程序中判断接收到上下限值命令字符串，要根据数据协议拆分成数值，赋值给对应变量保存，供后续比较使用。

第3篇 综合应用

第10章 智能家居系统设计

10.1 智能家居系统简介

随着网络技术的飞速发展及人们生活水平的提高，人们对于家庭的居住环境提出了更高的自动化管理要求，智能家居应运而生。智能家居是以住宅环境为平台，利用综合布线技术、网络通信技术、安全防范技术、自动控制技术、音视频技术，将家居生活的有关设施集成到一起，构建高效的住宅设施与家庭日常事务的管理系统，提升了家居安全性、便利性、舒适性等，实现既环保节能又方便可靠的居住环境，特别是声控家居、网关控制动作触控家居设备对老年人尤其合用。

智能家居的关键技术主要有智能控制及内部网络两个部分。智能控制可以是本地控制或者无线远程控制：本地控制是指直接通过网络开关实现对灯或者其他电器的智能控制（例如：智能插座控制给电或者断电，照明设备开关等）；无线远程控制是指通过遥控器、电话、手机、计算机、声控等来实现各种远程控制。智能家居实现的基础是住宅具备有效的网络环境，支持网络访问的家居设备。

目前，智能家居系统还有些属于高端家居应用，需要在家居装修时投入相关网络布线等，投资相对比较大。智能家居系统将各种设备联入无线传感网，在基本不改动家庭装修的前提下应用，可以以比较低的成本实现智能家居系统中实用性最强的功能——安防系统、本地或远程控制设备的应用，有利于将智能家居面向的高端客户群拓展到普通客户群。

1．安防系统

（1）人体传感器：能够检测到进入范围的物体，并将信息发送给主机或网关，实现非正常入户报警，或者条件触发灯光照明。

（2）煤气浓度传感器：通常配置在厨房，检测煤气浓度超限即无线发送给主机或网关，实时进行报警，启动通风设施。

（3）火焰传感器：检测光照度和火焰温度超限即无线发送给主机或网关，实时进行火灾报警，启动灭火设施。

（4）家居摄像头：用户通过计算机、手机远程监控家居重要位置。

2．远程设备控制

（1）光敏传感器：检测光照亮度，条件控制窗帘开关等处理；手机开关窗帘。

（2）空调远程控制：检测温湿度，控制开关空调；手机远程开关空调（空调需要支持 Wi-Fi 功能）。

（3）电饭锅远程控制：手机远程开启放好原材料的电饭锅煮饭。

（4）电灯远程控制：手机远程开启在线灯光设备。

（5）智能音箱声控：通过语言喊口令，打开或关闭某些受控设备。

（6）智能门锁：通过网关条件遥控开灯，如夜晚开门即开灯。

10.2 智能家居系统分析

智能家居系统分为无线传感网和智能网关两个部分。无线传感网负责信息的采集和设备的控制，智能网关负责数据处理及电信网络和互联网的相连。无线传感网使用 ZigBee 协议，主要用本书前面介绍的功能模块综合应用实现。智能网关采用的技术非本书介绍的内容，本阶段实验要求利用 PC 设计界面设置命令显示数据结果，也可以通过 PC 将数据传输到云端，手机通过云端服务器访问数据控制设备。智能家居系统结构示意图如图 10-1 所示。

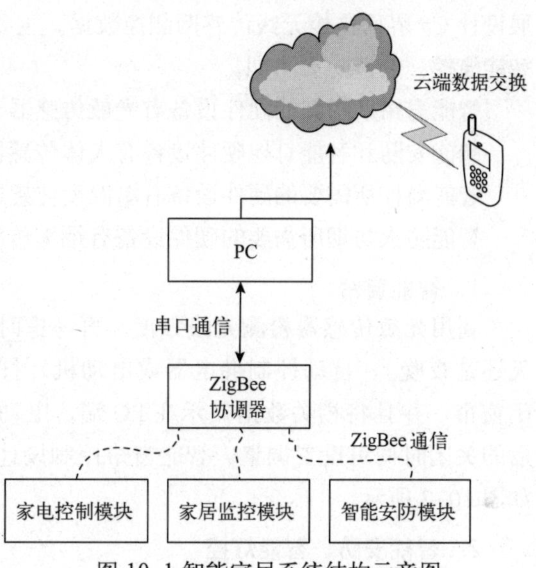

图 10-1 智能家居系统结构示意图

10.3 智能家居系统设计指导

智能家居系统建议参照图 10-2~ 图 10-6 设计。主要考虑设计以下相关子系统：

（1）家电控制子系统：利用 ZigBee 技术实现空调、电饭锅、灯光等远程开关。

（2）家居监控子系统：手机远程监控家居重要位置。

（3）入户安防子系统：非正常入户红灯报警且发信号给 PC 传给主人。

（4）厨卫煤气火灾报警子系统：燃气、火焰超常数据触发报警，且控制相关处理设备的开关。

（5）家居光照控制子系统：根据光照亮度开关灯与窗帘。

（6）家居温湿度控制子系统：根据各位置温湿度参数，开关空调和取暖设备等。

10.4 拓展设计

（1）基于 C# 设计平台，设计 PC 操作管理界面。

（2）读取串口接收单片机数据，可存入数据库（按需配置），并发送到云端服务器。

（3）发送控制命令或上下限限值给 ZigBee 端单片机实现控制功能。

（4）基于 Android 设计平台，设计 Android 端手机操作管理平台。

（5）接收 PC 发送到云端服务器的数据，监测底层基础信息。

（6）管理并发送控制命令控制 ZigBee 端单片机操作。

10.5 简单设计案例介绍

本设计案例主要以 ZigBee 模块板及相关传感器构建无线传感网及控制功能，并简单拓展设计 C# 界面监控无线传感网测控数据。主要功能有 5 种：智能窗帘、智能灯控、智能安防、智能温控、智能防火防烟。

智能窗帘所用到的硬件设备有光敏传感器、继电器、CC2530 模块、小电动机；

智能安防和智能灯控硬件设备有人体传感器、CC2530 模块；

智能温控所需要的硬件设备有温湿度传感器、CC2530 模块、继电器；

智能防火防烟所需要的硬件设备有烟雾传感器、火焰传感器、CC2530 模块、继电器。

1. 智能窗帘

利用光敏传感器检测光线强度，再考虑时间（白天还是夜晚），自动控制继电器或电动机，打开或关闭窗帘，并且将相关数据显示在 PC 端。电动机开启后的关闭时间可设置调整。智能窗帘控制设计示意图如图 10-2 所示。

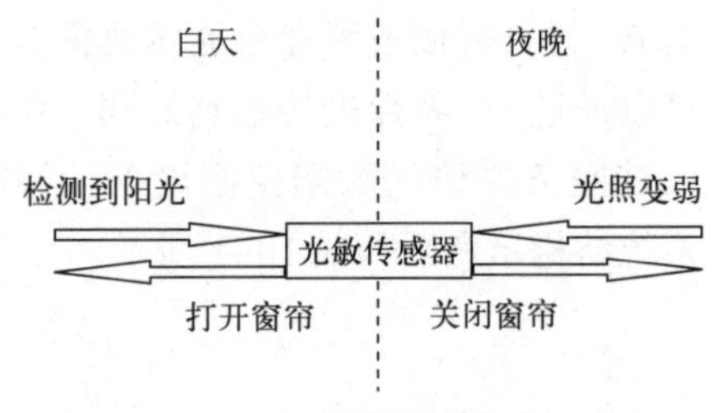

图 10-2　智能窗帘控制设计示意图

2. 智能安防、智能灯控

1）安装在门外

检测到有人准备进入屋内且光线不足时，控制屋内客厅灯开启（用 LED 代替）。智能灯控设计如图 10-3 所示。

2）安装在窗户上

窗上放置采样节点，非正常侵入发无线信号 SOS 到协调器主节点，协调器主节点收到报警信息发 PC 端提示（LED 红灯闪烁，可拓展设计发送到主人手机进行报警提示），并且启动报警（用模块板 LED 红灯代替）。入侵报警控制设计示意图如图 10-4 所示。

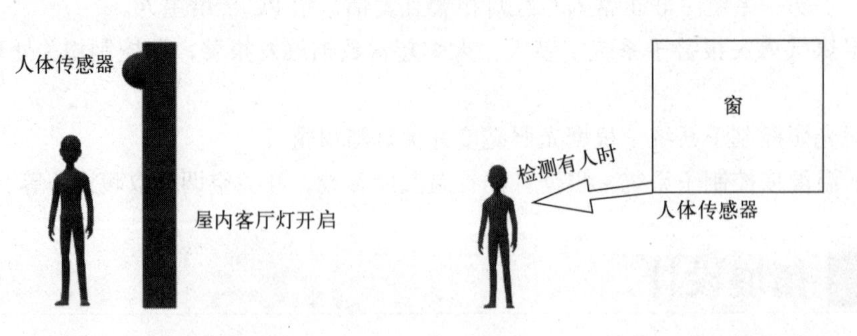

图 10-3　智能灯控设计　　图 10-4　入侵报警控制设计示意图

3．智能温控

通过居室分布的采样节点将温湿度传感器采集到的温湿度数据，实时发送给协调器主节点并且在 PC 端显示数据。设置人体最舒适的温度限值，超过设定温度开启空调（供电），低于设定温度关闭空调，温度限值可调。智能家电温控设计示意图如图 10-5 所示。

4．智能防火防烟

家居安全问题非常重要。火焰传感器检测到明火时、烟雾传感器检测到过浓烟雾时，打开继电器控制喷水阀喷水，并上传数据到 PC 端报警（LED 红灯闪烁，可拓展设计发送到主人手机进行报警提示）。智能火警监控设计示意图如图 10-6 所示。

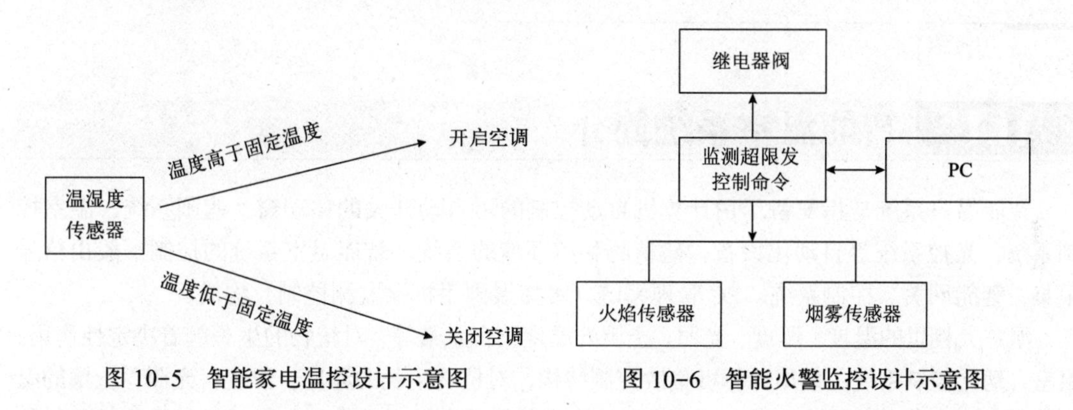

图 10-5　智能家电温控设计示意图　　图 10-6　智能火警监控设计示意图

第11章 智能温室系统设计

11.1 智能温室系统简介

智能温室系统是指配备了由计算机自动控制的可自动开关的移动窗、遮阳系统、温室控制系统、光控系统等自动化设备构建植物种植环境的系统。智能温室系统的控制一般由信号采集、智能网关、控制系统、PC管理系统（可拓展到手机端监测控制）构成。

温室大棚里的温度、湿度、光照，土壤的温度及含水量等，对植物的生长起着决定性作用。温室自动化控制系统，采用计算机集散控制结构，对植物生长的温度、湿度、光照，土壤的温度及相对湿度等进行自动监测，按需调节，创造植物生长的最佳环境，以满足温室作物生长的需要。该系统特别适合种苗繁殖、优种培育实验、名贵植物种植，也适用于大范围种植。智能温室系统操作人员可以根据植物的特性，修改控制温湿度等参数，适应所培植作物的需要。

智能温室系统的数据库系统自动记录大量过程数据，不但大大减轻了工作人员的工作量，还可以提供大量数据供专家进行种植情况分析，为专家决策提供可靠依据。

11.2 智能温室系统分析

智能温室系统和智能家居系统非常类似，最终实现为PC、手机实时访问温室大棚的传感数据，对温室大棚的温湿度进行控制。智能温室系统结构示意图如图11-1所示。

智能温室系统的数据采集与保存非常重要，处理类同智能家居系统的监测控制以外，PC端管理系统必须设计数据库用于保存过程数据，并根据需要分析处理的实际情况，设计计算模型公式，为专家决策提供有效支持数据。

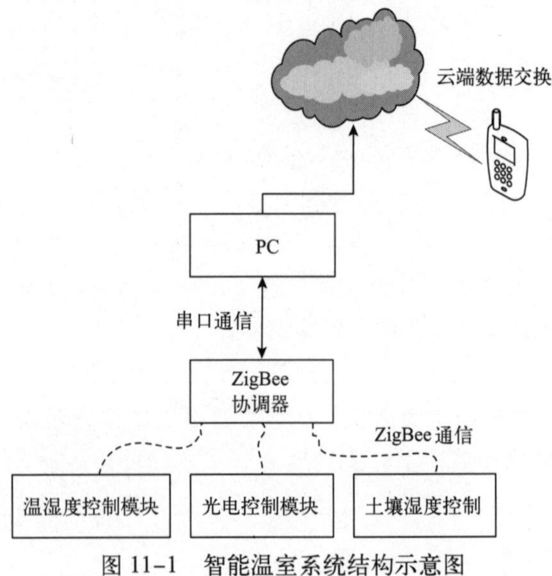

图11-1　智能温室系统结构示意图

11.3 智能温室系统设计指导

智能温室系统主要考虑设计以下相关子系统：

（1）光照控制系统：根据人员活动和光照度，开关照明灯（LED），根据活动空间的距离和面积布置。

（2）空气温湿度控制系统：根据大棚空间温湿度的情况和所种植物的环境要求，控制开关移动窗户及通风设备、遮阳窗帘、喷淋设备、加温设备等。

（3）土壤湿度控制子系统：根据检测的土壤湿度，开关喷淋设备调节。

11.4 拓展设计

（1）基于 C# 设计平台，设计 PC 操作管理界面。

（2）创建基于 MySql 的数据库，或其他数据库。

（3）读取串口接收单片机数据，存入数据库，并发送到云端服务器。

（4）发送控制命令或上下限限值给 ZigBee 端单片机实现控制功能。

（5）基于 Android 设计平台，设计 Android 端手机操作管理平台。

（6）接收 PC 发送到云端服务器的数据，监测底层基础信息。

（7）管理并发送控制命令控制 ZigBee 端单片机操作。

11.5 简单设计案例介绍

本设计案例主要以 ZigBee 模块板及相关传感器构建无线传感网及控制功能，并简单拓展设计 C# 界面监控无线传感网测控数据。主要功能有：智能光照控制、智能温湿度控制、智能喷雾控制。

智能光照控制系统所用到的硬件设备有 CC2530 模块、光敏传感器、人体传感器、继电器。

智能温湿度控制系统所需要的硬件设备有 CC2530 模块、温湿度传感器、继电器、电动机。

智能喷雾控制系统所需要的硬件设备有 CC2530 模块、土壤湿度传感器、继电器、电动机。

1. 智能光照控制

利用光敏传感器检测。当附近人体传感器检测到有人员活动且光照度不够时，自动打开 LED。如果不符合上述两个条件，10 min（时间长度可以调节）后灯灭。根据光照要求，分布控制节点，可以级联控制，也可以星状布置；光照控制结构示意图如图 11-2 所示。图 11-2 中光控 1 级与光控 2 级、光控 3 级之间属于级联控制关系，平行的同级别控制点（不大于 127 个）属于星状结构。

2. 智能温湿度控制

根据空间面积，适度布置温湿度传感器采样点，采集数据上传 PC，并根据系统设置参数及计算模型，控制继电器或电动机，自动开关移动窗户及通风除湿设备、遮阳窗帘；控制喷淋设备喷水降温或打开加温设备。温湿度控制节点的结构设置可参照光照控制结构示意图。

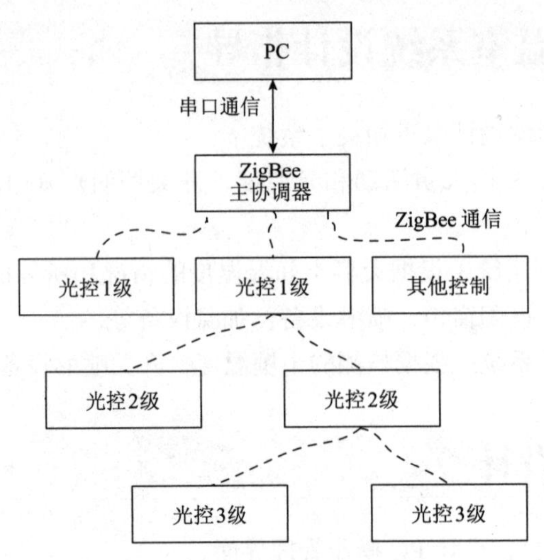

图 11-2　光照控制结构示意图

3. 智能喷雾控制

根据土地面积，适度布置土壤湿度传感器采样点，采集数据上传 PC，并根据系统设置参数及计算模型，控制继电器开关喷淋设备，或自动控制开关移动窗户及通风除湿设备。土壤湿度控制节点的结构设置可参照光照控制结构示意图。

附录A 输入/输出（I/O）寄存器表

输入/输出（I/O）寄存器表如表A-1~表A-15所示。

表A-1 P0（0x80）——端口0

位	名称	复位	R/W	描 述
7:0	P0[7:0]	0xFF	R/W	端口0，通用I/O端口，可以从SFR位寻址，该CPU内部寄存器可以从XDATA（0x7080）读，但不能写

表A-2 P1（0x90）——端口1

位	名称	复位	R/W	描 述
7:0	P1[7:0]	0xFF	R/W	端口1，通用I/O端口，可以从SFR位寻址，该CPU内部寄存器可以从XDATA（0x7090）读，但不能写

表A-3 P2（0xA0）——端口2

位	名称	复位	R/W	描 述
7:5	—	000	R0	未使用
4:0	P2[4:0]	0x1F	R/W	端口2，通用I/O端口，可以从SFR位寻址，该CPU内部寄存器可以从XDATA（0x70A0）读，但不能写

表A-4 P1DIR（0xFE）——P1方向寄存器

位	名称	复位	R/W	描 述
7:0	DIRP1_[7:0]	0x00	R/W	P1.7到P1.0的I/O方向： 0：输入。 1：输出

注：P0DIR（0xFD）方向寄存器的输入/输出寄存器表，类同表A-4。

表 A-5 P1SEL（0xF4）——P1 功能选择寄存器

位	名称	复位	R/W	描 述
7:0	SELP1_[7:0]	0x00	R/W	P1.7 到 P1.0 的 I/O 方向： 0：通用 I/O。 1：外设功能

注：P0SEL（0xF3）功能选择寄存器的输入 / 输出寄存器表，类同表 A-5 。

表 A-6 P2DIR（0xFF）——端口 2 方向和端口 0 外设优先级控制

位	名称	复位	R/W	描 述
7:6	PRIP0[1:0]	00	R/W	端口 0 外设优先级控制。当 PERCFG 分配给一些外设到相同引脚的时候，这些位将确定优先级。 详细优先级列表： 00： 第 1 优先级：USART0。 第 2 优先级：USART1。 第 3 优先级：定时器 1。 01： 第 1 优先级：USART1。 第 2 优先级：USART0。 第 3 优先级：定时器 1。 10： 第 1 优先级：定时器 1 通道 0~1。 第 2 优先级：USART1。 第 3 优先级：USART0。 第 4 优先级：定时器 1 通道 2~3。 11： 第 1 优先级：定时器 1 通道 2~3。 第 2 优先级：USART0。 第 3 优先级：USART1。 第 4 优先级：定时器 1 通道 0~1
5	—	0	R0	不使用
4:0	DIRP2_[4:0]	0 0000	R/W	P2.4 到 P2.0 的 I/O 方向： 0：输入。 1：输出

表 A-7 P2SEL（0xF5）——端口 2 功能选择和端口 1 外设优先级控制

位	名称	复位	R/W	描 述
7	—	0	R0	没有使用
6	PRI3P1	0	R/W	端口 1 外设优先级控制。当模块被指派到相同的引脚的时候，这些位确定优先次序。 0：USART0 优先。 1：USART1 优先
5	PRI2P1	0	R/W	端口 1 外设优先级控制。当 PERCFG 分配 USART1 和定时器 3 到 相同的引脚的时候，这些位确定优先次序。 0：USART1 优先。 1：定时器 3 优先

续表

位	名称	复位	R/W	描 述
4	PRI1P1	0	R/W	端口 1 外设优先级控制。当 PERCFG 分配定时器 1 和定时器 4 到相同的引脚的时候，这些位确定优先次序。 0：定时器 1 优先。 1：定时器 4 优
3	PRI0P1	0	R/W	端口 1 外设优先级控制。当 PERCFG 分配 USART0 和定时器 1 到相同的引脚的时候，这些位确定优先次序。 0：USART0 优先。 1：定时器 1 优先
2	SELP2_4	0	R/W	P2.4 功能选择： 0：通用 I/O。 1：外设功能
1	SELP2_3	0	R/W	P2.3 功能选择： 0：通用 I/O。 1：外设功能
0	SELP2_0	0	R/W	P2.0 功能选择： 0：通用 I/O。 1：外设功能

表 A–8　P0INP（0x8F）——端口 0 输入模式寄存器

位	名称	复位	R/W	描 述
7:0	MDP0_[7:0]	0x00	R/W	P0.7 到 P0.0 的 I/O 输入模式： 0：上拉 / 下拉 [见 P2INP（0xF7）—端口 2 输入模式]。 1：三态

注：P0INP 位为 0 时，是上拉还是下拉，由 P2INP 来设置。

表 A–9　P1INP（0xF6）——端口 1 输入模式寄存器

位	名称	复位	R/W	描 述
7:2	MDP1_[7:2]	0000 00	R/W	P1.7 到 P1.2 的 I/O 输入模式： 0：上拉 / 下拉 [见 P2INP（0xF7）—端口 2 输入模式]。 1：三态
1:0	—	00	R0	不使用

表 A–10　P2INP（0xF7）——端口 2 输入模式寄存器

位	名称	复位	R/W	描 述
7	PDUP2	0	R/W	端口 2 上拉 / 下拉选择。对所有端口 2 引脚设置为上拉 / 下拉输入： 0：上拉。 1：下拉
6	PDUP1	0	R/W	端口 1 上拉 / 下拉选择。对所有端口 1 引脚设置为上拉 / 下拉输入： 0：上拉。 1：下拉

续表

位	名称	复位	R/W	描　述
5	PDUP0	0	R/W	端口 0 上拉 / 下拉选择。对所有端口 0 引脚设置为上拉 / 下拉输入： 0：上拉。 1：下拉
4:0	MDP2_[4:0]	0 0000	R/W	P2.4 到 P2.0 的 I/O 输入模式 0：上拉 / 下拉 [见 P2INP（0xF7）——端口 2 输入模式]。 1：三态

表 A-11　PERCFG（0xF1）——外设控制

位	名称	复位	R/W	描　述
7	—	0	R/W	没有使用
6	T1CFG	0	R/W	定时器 1 的 I/O 位置： 0：备用位置 1。 1：备用位置 2
5	T3CFG	0	R/W	定时器 3 的 I/O 位置： 0：备用位置 1。 1：备用位置 2
4	T4CFG	0	R/W	定时器 4 的 I/O 位置： 0：备用位置 1。 1：备用位置 2
3:2	—	00	R0	没有使用
1	U1CFG	0	R/W	UART 1 的 I/O 位置： 0：备用位置 1。 1：备用位置 2
0	U0CFG	0	R/W	UART 0 的 I/O 位置： 0：备用位置 1。 1：备用位置 2

表 A-12　P0、P1、P2 中断状态标志寄存器

寄存器名称	位	名称	复位	R/W	描　述
P0IFG（0x89）	7:0	P0IF[7:0]	0x00	R/W0	端口 0，位 7 到位 0 输入中断状态标志。当输入端口中断请求未决信号时，其相应的标志位将置 1
P1IFG（0x8A）	7:0	P1IF[7:0]	0x00	R/W0	端口 1，位 7 到位 0 输入中断状态标志。当输入端口中断请求未决信号时，其相应的标志位将置 1
P2IFG（0x8B）	7:6	—	00	R0	不使用
	5	DPIF	0	R/W0	USBD+ 中断状态标志。当 D+ 线有一个中断请求未决时设置该标志，用于检测 USB 挂起状态下的 USB 恢复事件。当 USB 控制器没有挂起时不设置该标志
	4:0	P2IF[4:0]	0 0000	R/W0	端口 2，位 4 到位 0 输入中断状态标志。当输入端口中断请求未决信号时，其相应的标志位将置 1

表 A–13　PICTL（0x8C）——I/O 中断控制寄存器

位	名称	复位	R/W	描　述
7	PADSC	0	R/W	控制 I/O 引脚在输出模式下的驱动能力。选择输出驱动能力增强来补偿引脚 DVDD 的低。 I/O 电压（这为了确保在较低的电压下的驱动能力和较高电压下相同）。 0：最小驱动能力增强。DVDD1/2 等于或大于 2.6 V。 1：最大驱动能力增强。DVDD1/2 小于 2.6 V
6：4	—	000	R0	未使用
3	P2ICON	0	R/W	端口 2，P2.4~P2.0 输入模式下的中断配置。该位为所有端口 2 的输入 4 到 0 选择中断请求条件。 0：输入的上升沿引起中断。 1：输入的下降沿引起中断
2	P1ICONH	0	R/W	端口 1，P1.7~P1.4 输入模式下的中断配置。该位为所有端口 1 的输入 7 到 4 选择中断请求条件。 0：输入的上升沿引起中断。 1：输入的下降沿引起中断
1	P1ICONL	0	R/W	端口 1，P1.3~P1.0 输入模式下的中断配置。该位为所有端口 1 的输入 3 到 0 选择中断请求条件。 0：输入的上升沿引起中断。 1：输入的下降沿引起中断
0	P0ICON	0	R/W	端口 0，P0.7~P0.0 输入模式下的中断配置。该位为所有端口 0 的输入 7 到 0 选择中断请求条件。 0：输入的上升沿引起中断。 1：输入的下降沿引起中断

表 A–14　P0、P1、P2 中断屏蔽寄存器

寄存器名称	位	名称	复位	R/W	描　述
P0IEN（0xAB）	7:0	P0_[7:0]IEN	0x00	R/W	P0.7~P0.0 中断使能： 0：中断禁止。 1：中断使能
P1IEN（0x8D）	7:0	P1_[7:0]IEN	0x00	R/W	P1.7~P1.0 中断使能： 0：中断禁止。 1：中断使能
P2IEN（0xAC）	7:6	—	00	R0	未使用
	5	DPIEN	0	R/W	USB D+ 中断使能
	4:0	P2_[4:0]IEN	0 0000	R/W	P2.4~P2.0 中断使能： 0：中断禁止。 1：中断使能

表 A–15　APCFG（0xF2）——模拟外设 I/O 配置

位	名称	复位	R/W	描　述
7:0	APCFG[7:0]	0x00	R/W	模拟外设 I/O 配置。APCFG[7:0] 选择 P0.7~P0.0 作为模拟 I/O： 0：模拟 I/O 禁用。 1：模拟 I/O 使能

附录 B 中断处理寄存器功能

中断处理寄存器功能介绍如表 B-1~ 表 B-8 所示。

表 B-1 IEN0（0xA8）——中断使能 0

位	名称	复位	R/W	描 述
7	EA	0	R/W	禁用所有中断： 0：无中断被确认。 1：通过设置对应的使能位将每个中断源分别使能和禁止
6	—	0	R0	不使用，读出来是 0
5	STIE	0	R/W	睡眠定时器中断使能： 0：中断禁止。 1：中断使能
4	ENCIE	0	R/W	AES 加密 / 解密中断使能： 0：中断禁止。 1：中断使能
3	URX1IE	0	R/W	USART1RX 中断使能： 0：中断禁止。 1：中断使能
2	URX0IE	0	R/W	USART0RX 中断使能： 0：中断禁止。 1：中断使能
1	ADCIE	0	R/W	ADC 中断使能： 0：中断禁止。 1：中断使能
0	RFERRIE	0	R/W	RF TX/RX FIFO 中断使能： 0：中断禁止。 1：中断使能

表 B-2 IEN1（0xB8）——中断使能 1

位	名称	复位	R/W	描 述
7:6	—	00	R0	不使用，读出来是 0
5	P0IE	0	R/W	端口 0 中断使能： 0：中断禁止。 1：中断使能
4	T4IE	0	R/W	定时器 T4 中断使能： 0：中断禁止。 1：中断使能
3	T3IE	0	R/W	定时器 T3 中断使能： 0：中断禁止。 1：中断使能
2	T2IE	0	R/W	定时器 T2 中断使能： 0：中断禁止。 1：中断使能

续表

位	名称	复位	R/W	描述
1	T1IE	0	R/W	定时器 T1 中断使能： 0：中断禁止。 1：中断使能
0	DMAIE	0	R/W	DMA 传输中断使能： 0：中断禁止。 1：中断使能

表 B-3　IEN2（0x9A）——中断使能 2

位	名称	复位	R/W	描述
7:6	—	00	R0	不使用，读出来是 0
5	WDTIE	0	R/W	看门狗定时器中断使能： 0：中断禁止。 1：中断使能
4	P1IE	0	R/W	端口 1 中断使能： 0：中断禁止。 1：中断使能
3	UTX1IE	0	R/W	USART1 TX 中断使能： 0：中断禁止。 1：中断使能
2	UTX0IE	0	R/W	USART0 TX 中断使能： 0：中断禁止。 1：中断使能
1	P2IE	0	R/W	端口 2 中断使能： 0：中断禁止。 1：中断使能
0	RFIE	0	R/W	RF 一般中断使能： 0：中断禁止。 1：中断使能

表 B-4　TCON（0x88）——中断标志 1

位	名称	复位	R/W	描述
7	URX1IF	0	R/WH0	USART1 RX 中断标志。当 USART1 RX 中断发生时设为 1 且当 CPU 执行中断向量服务例程时清除。 0：无中断未决。 1：中断未决
6	—	0	R/W	没有使用
5	ADCIF	0	R/WH0	ADC 中断标志。当 ADC 中断发生时设为 1 且当 CPU 执行中断向量服务例程时清除。 0：无中断未决。 1：中断未决
4	—	0	R/W	没有使用

续表

位	名称	复位	R/W	描 述
3	URX0IF	0	R/WH0	USART0 RX 中断标志。当 USART0 RX 中断发生时设为 1 且当 CPU 执行中断向量服务例程时清除。 0：无中断未决。 1：中断未决
2	IT1	1	R/W	保留。必须一直设为 1。设置为零将使能低级别中断探测，几乎总是如此（启动中断请求时执行一次）
1	RFERRIF	0	R/WH0	RF TX/RX FIF0 中断标志。当 RFERR 中断发生时设为 1 且当 CPU 执行中断向量服务例程时清除。 0：无中断未决。 1：中断未决
0	IT0	1	R/W	保留。必须一直设为 1。设置为零将使能低级别中断探测，几乎总是如此（启动中断请求时执行一次）

表 B–5　S0CON（0x98）——中断标志 2

位	名称	复位	R/W	描 述
7：2	—	0000 00	R/W	没有使用
1	ENCIF_1	0	R/W	AES 中断。ENC 有两个中断标志，ENCIF_1 和 ENCIF_0，设置其中一个标志就会请求中断服务。当 AES 协处理器请求中断时，两个标志都要设置。 0：无中断未决。 1：中断未决
0	ENCIF_0	0	R/W	AES 中断。ENC 有两个中断标志，ENCIF_1 和 ENCIF_0，设置其中一个标志就会请求中断服务。当 AES 协处理器请求中断时，两个标志都要设置。 0：无中断未决。 1：中断未决

表 B–6　S1CON（0x9B）——中断标志 3

位	名称	复位	R/W	描 述
7：2	—	0000 00	R/W	没有使用
1	RFIF_1	0	R/W	RF 一般中断。RF 有两个中断标志，RFIF_1 和 RFIF_0，设置其中一个标志就会请求中断服务。当无线设备请求中断时两个标志都要设置。 0：无中断未决。 1：中断未决
0	RFIF_0	0	R/W	RF 一般中断。RF 有两个中断标志，RFIF_1 和 RFIF_0。设置其中一个标志就会请求中断服务。当无线设备请求中断时两个标志都要设置。 0：无中断未决。 1：中断未决

表 B-7 IRCON（0xC0）——中断标志 4

位	名称	复位	R/W	描 述
7	STIF	0	R/W	睡眠定时器中断标志： 0：无中断未决。 1：中断未决
6	—	0	R/W	必须写 0。写入 1 总是使能中断
5	P0IF	0	R/W	端口 0 中断标志： 0：无中断未决。 1：中断未决
4	T4IF	0	R/WH0	定时器 T4 中断标志。当定时器 T4 中断发生时设为 1 且当 CPU 执行中断向量服务例程时清除。 0：无中断未决。 1：中断未决
3	T3IF	0	R/WH0	定时器 T3 中断标志。当定时器 T3 中断发生时设为 1 且当 CPU 执行中断向量服务例程时清除。 0：无中断未决。 1：中断未决
2	T2IF	0	R/WH0	定时器 T2 中断标志。当定时器 T2 中断发生时设为 1 且当 CPU 执行中断向量服务例程时清除。 0：无中断未决。 1：中断未决
1	T1IF	0	R/WH0	定时器 T1 中断标志。当定时器 T1 中断发生时设为 1 且当 CPU 执行中断向量服务例程时清除。 0：无中断未决。 1：中断未决
0	DMAIF	0	R/W	DMA 中断标志： 0：无中断未决。 1：中断未决

表 B-8 IRCON2（0XB8）——中断标志 5

位	名称	复位	R/W	描 述
7:5	—	000	R/W	没有使用
4	WDTIF	0	R/W	看门狗定时中断标志： 0：无中断未决。 1：中断未决
3	P1IF	0	R/W	端口 1 中断标志： 0：无中断未决。 1：中断未决
2	UTX1IF	0	R/W	USART1 TX 中断标志： 0：无中断未决。 1：中断未决
1	UTX0IF	0	R/W	USART0 TX 中断标志： 0：无中断未决。 1：中断未决
0	P2IF	0	R/W	端口 2 中断标志： 0：无中断未决。 1：中断未决

附录 C 系统时钟源功能

系统时钟源功能介绍如表 C-1~ 表 C-3 所示。

表 C-1 SLEEPCMD（0xBE）——睡眠模式控制

位	名称	复位	R/W	描 述
7	OSC32K_CALDIS	0	R/W	禁用 32 kHz RC 振荡器校准： 0：使能 32 kHz RC 振荡器校准。 1：禁用 32 kHz RC 振荡器校准。 这个设置可以在任何时间写入，但是芯片运行在 16 MHz 高频 RC 振荡器之前不起作用
6:3	—	000 0	R0	保留
2	—	1	R/W	保留。总是写 1
1:0	MODE[1:0]	00	R/W	供电模式设置： 00：主动 / 空闲模式。 01：供电模式 1。 10：供电模式 2。 11：供电模式 3

表 C-2 CLKCONCMD（0xC6）——时钟控制命令

位	名称	复位	R/W	描 述
7	OSC32K	1	R/W	32kHz 时钟振荡器选择。设置该位只能引起一个时钟源改变。 CLKCONSTA.OSC32K 反映当前的设置。当要改变该位，必须选择 16 MHz RCOSC 作为系统时钟。 0：32 kHz 晶振。 1：32 kHz 高速 RC 振荡器
6	OSC	1	R/W	系统时钟源选择。设置该位只能引起一个时钟源改变。 CLKCONSTA.OSC 反映当前的设置。 0：32 MHz 晶振。 1：16 MHz RC 振荡器
5:3	TICKSPD[2:0]	001	R/W	定时器标记输出设置。不能高于通过 OSC 位设置的系统时钟设置。 000：32 MHz。 001：16 MHz。 010：8 MHz。 011：4 MHz。 100：2 MHz。 101：1 MHz。 110：500 kHz。 111：250 kHz。 注意：CLKCONCMD.TICKSPD 可以设置为任意值，但是结果受 CLKCONCMD.OSC 设置的限制，即如果 CLKCONCMD.OSC=1 且 CLKCONCMD.TICKSPD=000，CLKCONCMD.TICKSPD 读出 001 且实际 TICKSPD 是 16 MHz

续表

位	名称	复位	R/W	描 述
2:0	CLKSPD	001	R/W	时钟速度。不能高于通过 OSC 位设置的系统时钟设置。表示当前系统时钟频率。 000：32 MHz。 001：16 MHz。 010：8 MHz。 011：4 MHz。 100：2 MHz。 101：1 MHz。 110：500 kHz。 111：250 kHz。 注意：CLKCONCMD.CLKSPD 可以设置为任意值，但是结果受 CLKCONCMD.OSC 设置的限制，即如果 CLKCONCMD.OSC=1 且 CLKCONCMD.CLKSPD=000，CLKCONCMD.CLKSPD 读出 001 且实际 CLKSPD 是 16 MHz。 调试器不能和一个划分过的系统时钟一起工作。 运行调试器，当 CLKCONCMD.OSC=0，CLKCONCMD.CLKSPD 的值必须设置为 000，或当 CLKCONCMD.OSC=1 设置为 001

表 C–3　CLKCONSTA（0x9E）——时钟控制状态

位	名称	复位	R/W	描 述
7	OSC32K	1	R	当前选择的 32 kHz 时钟源： 0：32 kHz 晶振。 1：32 kHz RC 振荡器
6	OSC	1	R	当前选择的系统时钟； 0：32 MHz 晶振。 1：16 MHz 高速 RC 振荡器
5:3	TICKSPD[2:0]	001	R	当前设置的定时器标记输出： 000：32 MHz。 001：16 MHz。 010：8 MHz。 011：4 MHz。 100：2 MHz。 101：1 MHz。 110：500 kHz。 111：250 kHz
2:0	CLKSPD	001	R	当前时钟速度： 000：32 MHz。 001：16 MHz。 010：8 MHz。 011：4 MHz。 100：2 MHz。 101：1 MHz。 110：500 kHz。 111：250 kHz

附录 D 定时器功能

定时器功能介绍如表 D-1~ 表 D-18 所示。

表 D-1 T1CNTH（0xE3）——T1 计数器高字节

位	名称	复位	R/W	描 述
7:0	CNT [15:8]	0x00	R	T1 定时器 / 计数器高字节。包含在读取 T1CNTL 的时候定时 / 计数器缓存的高 16 位字节

表 D- 2 T1CNTH（0xE2）——T1 计数器低字节

位	名称	复位	R/W	描 述
7:0	CNT [7:0]	0x00	R	T1 定时 / 计数器低字节。包括 16 位定时 / 计数器低字节。往该寄存器中写任何值，导致计数器被清除为 0x0000，初始化所有通道的输出引脚

表 D-3 T1CTL（0Xe4）——T1 控制寄存器

位	名称	复位	R/W	描 述
7:4	—	0000	R0	保留
3:2	DIV[1:0]	00	R/W	分频器划分值。产生主动的时钟边沿用来更新计数器。具体如下： 00：标记频率 /1，即不分频。 01：标记频率 /8。 10：标记频率 /32。 11：标记频率 /128
1:0	MODE[1:0]	00	R/W	选择定时器 T1 模式。定时器操作模式通过下列方式选择： 00：暂停运行。 01：自由运行，从 0x0000 到 0xFFFF 反复计数。 10：模计数，从 0x0000 到 T1CC0 反复计数。 11：正计数 / 倒计数，从 0x0000 到 T1CC0 反复计数并且从 T1CC0 倒计数到 0x0000

表 D-4 T1STAT（0xAF）——T1 状态寄存器

位	名称	复位	R/W	描 述
7:6	—	00	R0	保留
5	OVFIF	0	R/W0	T1 计数器溢出中断标志。当计数器在自由运行或模式下达到最终计数值时设置为 1，在正计数 / 倒计数模式下达到零时倒计数置 1。写 1 没有影响
4	CH4IF	0	R/W0	T1 通道 4 中断标志。当通道 4 中断条件发生时设置。写 1 没有影响
3	CH3IF	0	R/W0	T1 通道 3 中断标志。当通道 3 中断条件发生时设置。写 1 没有影响
2	CH2IF	0	R/W0	T1 通道 2 中断标志。当通道 2 中断条件发生时设置。写 1 没有影响
1	CH1IF	0	R/W0	T1 通道 1 中断标志。当通道 1 中断条件发生时设置。写 1 没有影响
0	CH0IF	0	R/W0	T1 通道 0 中断标志。当通道 0 中断条件发生时设置。写 1 没有影响

表 D-5　T1CC0H（0xDB）——T1 通道 0 捕获值 / 比较值高字节寄存器

位	名称	复位	R/W	描　述
7:0	T1CC0 [15:8]	0x00	R/W	T1 通道 0 捕获值 / 比较值，高位字节。当 T1CCTL0.MODE=1（比较模式）时写 0 到该寄存器，导致 T1CC0[15:0] 更新写入值延迟到 T1CNT=0x0000

表 D-6　T1CC0L（0xDA）——T1 通道 0 捕获值 / 比较值低字节寄存器

位	名称	复位	R/W	描　述
7:0	T1CC0 [7:0]	0x00	R/W	T1 通道 0 捕获值 / 比较值，低位字节。写到该寄存器的数据被存储到一个缓存中，但是不写入 T1CC0[7:0]，直到并同时后一次写 T1CC0H 生效

表 D-7　T1CCTL0（0xE5）——T1 通道 0 捕获 / 比较控制寄存器

位	名称	复位	R/W	描　述
7	RFIRQ	0	R/W	当设置时，使用 RF 中断捕获，而不是常规捕获输入
6	IM	1	R/W	通道 0 中断屏蔽。设置时使能中断请求
5:3	CMP[2:0]	000	R/W	通道 0 比较模式选择。当定时器的值等于在 T1CC0 中的比较值，选择操作输出： 000：在比较设置输出。 001：在比较清除输出。 010：在比较切换输出。 011：在向上比较设置输出，在 0 清除。 100：在向上比较清除输出，在 0 设置。 101：没有使用。 110：没有使用。 111：初始化输出引脚。CMP[2:0] 不变
2	MODE	0	R/W	模式。选择 T1 通道 0 捕获或者比较模式： 0：捕获模式。 1：比较模式
1:0	CAP[1:0]	00	R/W	通道 0 捕获模式选择： 00：未捕获。 01：上升沿捕获。 10：下降沿捕获。 11：所有沿捕获

表 D-8　T1CC1H（0xDD）——T1 通道 1 捕获值 / 比较值高位寄存器

位	名称	复位	R/W	描　述
7:0	T1CC1 [15:8]	0x00	R/W	T1 通道 1 捕获值 / 比较值，高位字节。当 T1CCTL1.MODE=1（比较模式）时写该寄存器导致 T1CC1[15:0] 更新写入值延迟到 T1CNT=0x0000

表 D-9　T1CC1L（0xDC）——T1 通道 1 捕获值 / 比较值低位寄存器

位	名称	复位	R/W	描　述
7:0	T1CC1 [7:0]	0x00	R/W	T1 通道 1 捕获值 / 比较值，低位字节。写入该寄存器的数据存储到一个缓存中但是不写入 T1CC1[7:0]，直到并同时后一次写入 T1CC1H 生效

表 D-10 T1CCTL1（0xE6）——T1 通道 1 捕获 / 比较控制寄存器

位	名称	复位	R/W	描 述
7	RFIRQ	0	R/W	当设置时，使用 RF 中断捕获，而不是常规捕获输入
6	IM	1	R/W	通道 1 中断屏蔽。设置时使能中断请求
5:3	CMP[2:0]	000	R/W	通道 1 比较模式选择。当定时器的值等于在 T1CC1 中的比较值，选择操作输出： 000：在比较设置输出。 001：在比较清除输出。 010：在比较切换输出。 011：在向上比较设置输出，在 0 清除；否则，在比较设置输出，在 0 清除。 100：在向上比较清除输出，在 0 设置；否则，在比较清除输出，在 0 设置。 101：当等于 T1CC0 时清除；当等于 T1C1 时设置。 110：当等于 T1CC0 时设置；当等于 T1C1 时清除。 111：初始化输出引脚。CMP[2:0] 不变
2	MODE	0	R/W	模式。选择 T1 通道 1 捕获或者比较模式： 0：捕获模式。 1：比较模式
1	CAP[1:0]	00	R/W	通道 1 捕获模式选择： 00：未捕获。 01：上升沿捕获。 10：下降沿捕获。 11：所有沿捕获

注：T1 的通道 2、通道 3、通道 4 的捕获 / 比较控制寄存器类同 T1CCTL1；T1 的通道 2、通道 3、通道 4 的捕获值 / 比较值寄存器类同 T1CC1H、T1CC1L。

表 D-11 T3CTL（0xCB）——T3 控制寄存器

位	名称	复位	R/W	描 述
7:5	DIV[2:0]	000	R/W	分频器划分值。产生有效时钟沿用于来自 CLKCON.TICKSPD 的定时器时钟。具体如下： 000：标记频率 /1。 001：标记频率 /2。 010：标记频率 /4。 011：标记频率 /8。 100：标记频率 /16。 101：标记频率 /32。 110：标记频率 /64。 111：标记频率 /128
4	START	0	R/W	启动定时器： 0：暂停计数。 1：正常计数
3	OVFIM	1	R/W0	溢出中断掩码： 0：关溢出中断。 1：开溢出中断
2	CLR	0	R0/W1	清除计数器。写 1 到 CLR 复位计数器到 0x00，并初始化相关通道所有的输出引脚。总是读作 0

续表

位	名称	复位	R/W	描 述
1:0	MODE[1:0]	00	R/W	T3 模式。选择以下模式： 00：自由运行，从 0x00 到 0xFF 反复计数。 01：倒计数，从 T3CC0 到 0x00 计数。 10：模计数，从 0x00 到 T3CC0 反复计数。 11：正计数 / 倒计数，从 0x00 到 T3CC0 反复计数，降到 0x00

注：T4CTL 类同 T3CTL。

表 D-12　T3CCTL0（0xCC）——T3 通道 0 捕获/比较控制器

位	名称	复位	R/W	描 述
7	—	0	R0	没有使用
6	IM	1	R/W	通道 0 中断掩码： 0：关中断。 1：开中断
5:3	CMP[2:0]	000	R/W	通道 0 比较输出模式选择。当时钟值与在 T3CC0 中的比较值相等时输出特定的操作。 000：在比较设置输出。 001：在比较清除输出。 010：在比较切换输出。 011：在比较正计数时设置输出，在 0 清除。 100：在比较正计数时清除输出，在 0 设置。 101：在比较设置输出，在 0xFF 清除。 110：在 0x00 设置，在比较清除输出。 111：初始化输出引脚。CMP[2:0] 不变
2	MODE-	0	R/W	T3 通道 0 模式选择： 0：捕获。 1：比较
1:0	CAP[1:0]	00	R/W	T3 通道 0 捕获模式选择： 00：没有捕获。 01：上升沿捕获。 10：下降沿捕获。 11：在两个边沿都捕获

注：T4CCTL0 类同 T3CCTL0。

表 D-13　T3CC0（0xCD）——T3 通道 0 捕获/比较值寄存器

位	名称	复位	R/W	描 述
7:0	VAL[7:0]	0x00	R/W	T3 捕获值 / 比较值通道 0。当 T3CCTL0.MODE=1（比较模式）时写该寄存器会导致 T3CC0.VAL[7:0] 更新到写入值延迟到 T3CNT.CNT[7:0]=0x00

注：T4CC0 类同 T3CC0。

表 D-14　T3CCTL1（0xCE）——T3 通道 1 捕获/比较控制器

位	名称	复位	R/W	描 述
7	—	0	R0	没有使用

续表

位	名称	复位	R/W	描 述
6	IM	1	R/W	通道 1 中断掩码： 0：关中断。 1：开中断
5:3	CMP[2:0]	000	R/W	通道 1 比较输出模式选择。当定时器值等于在 T3CC1 中的比较值时指定输出。 000：在比较设置输出。 001：在比较清除输出。 010：在比较切换输出。 011：在比较正计数设置输出，在 0 清除；否则，在比较设置输出，在 0 清除。 100:在比较正计数清除输出，在 0 设置;否则，在比较清除输出，在 0 设置。 101：在比较设置输出，在 0xFF 清除。 110：在比较清除输出，在 0x00 设置。 111：初始化输出引脚。CMP[2:0] 不变
2	MODE-	0	R/W	T3 通道 1 模式选择： 0：捕获。 1：比较
1:0	CAP[1:0]	00	R/W	T3 通道 1 捕获模式选择。 00：没有捕获。 01：上升沿捕获 10：下降沿捕获。 11：在两个边沿都捕获

注：T4CCTL1 类同 T3CCTL1。

表 D-15 T3CC1（0xCF）——T3 通道 1 捕获值 / 比较值寄存器

位	名称	复位	R/W	描 述
7:0	VAL[7:0]	0x00	R/W	T3 捕获值 / 比较值通道 1。当 T3CCTL1.MODE=1（比较模式）时写该寄存器会导致 T3CC1.VAL[7:0] 更新写入值延迟到 T3CNT.CNT[7:0]=0x00

注：T4CC1（0xEF）类同 T3CC1。

表 D-16 TIMIF（0Xd8）——T1、T3、T4 的中断标志

位	名称	复位	R/W	描 述
7	—	0	R0	未使用
6	OVFIM	1	R/W	T1 溢出中断屏蔽： 0：中断屏蔽。 1：中断使能
5	T4CH1IF	0	R/W0	T4 通道 1 中断标志： 0：无中断未决。 1：中断未决
4	T4CH0IF	0	R/W0	T4 通道 0 中断标志： 0：无中断未决。 1：中断未决

续表

位	名称	复位	R/W	描　述
3	T4OVFIF	0	R/W0	T4 溢出中断标志。 0：无中断未决。 1：中断未决
2	T3CH1IF	0	R/W0	T3 通道 1 中断标志。 0：无中断未决。 1：中断未决
1	T3CH0IF	0	R/W0	T3 通道 0 中断标志。 0：无中断未决。 1：中断未决
0	T3OVFIF	0	R/W0	T3 溢出中断标志。 0：无中断未决。 1：中断未决

表 D–17　PERCFG 外设控制寄存器

D7	D6	D5	D4	D3	D2	D1	D0
未用	定时器 T1	定时器 T3	定时器 T4	未用	未用	USART1	USART0

表 D–18　T1CCTL2（0xE7）——T1 通道 2 捕获 / 比较控制寄存器

位	名称	复位	R/W	描　述
7	RFIRQ	0	R/W	当设置时，使用 RF 中断捕获，而不是常规捕获输入
6	IM	1	R/W	通道 2 中断屏蔽。设置时使能中断请求
5:3	CMP[2:0]	000	R/W	通道 2 比较模式选择。当定时器的值等于在 T1CC2 中的比较值，选择操作输出： 000：在比较设置输出。 001：在比较清除输出。 010：在比较切换输出。 011：在向上比较设置输出，在 0 清除；否则，在比较设置输出，在 0 清除。 100：在向上比较清除输出，在 0 设置；否则，在比较清除输出，在 0 设置。 101：当等于 T1CC0 时清除；当等于 T1CC2 时设置。 110：当等于 T1CC0 时设置；当等于 T1CC2 时清除。 111：初始化输出引脚。CMP[2:0] 不变
2	MODE	0	R/W	模式。选择 T1 通道 2 捕获或者比较模式： 0：捕获模式。 1：比较模式
1	CAP[1:0]	00	R/W	通道 1 捕获模式选择： 00：未捕获。 01：上升沿捕获。 10：下降沿捕获。 11：所有沿捕获

注：后续通道 T1CCTL3~T1CCTL5 类似。

附录 E 串口功能

串口功能介绍如表 E-1~ 表 E-5 所示。

表 E-1 U0CSR（0x86）——USART0 控制和状态

位	名称	复位	R/W	描 述
7	MODE	0	R/W	USART 模式： 0：SPI 模式。 1：UART 模式
6	RE	0	R/W	UART 接收器使能。注意在 UART 完全配置之前不能使能接收： 0：禁用接收器。 1：接收器使能
5	SLAVE	0	R/W	SPI 主或者从模式使能： 0：SPI 主模式。 1：SPI 从模式
4	FE	0	R/W0	UART 帧错误状态： 0：无帧错误监测。 1：字节收到不正确停止位级别
3	ERR	0	R/W0	UART 奇偶错误状态： 0：无奇偶错误监测。 1：字节收到奇偶错误
2	RX_BYTE	0	R/W0	接收字节状态。UART 模式和 SPI 从模式。当读 U0DBUF 该位自动消除，通过写 0 清除它。这样有效丢弃 U0DBUF 中的数据。 0：没有收到字节。 1：准备好接收字节
1	TX_BYTE	0	R/W0	传送字节状态。UART 模式和 SPI 主模式。 0：字节没有被传送。 1：写到数据缓存寄存器的最后字节被传送
0	ACTIVE	0	R	USART 传送 / 接收主动状态，在 SPI 从模式下该位等于从模式选择。 0：USART 空闲。 1：在传送或者接收模式 USART 忙碌

注：USART1 的 U1CSR(0xF8) 类同 U0CSR。

表 E-2 U0UCR（0xC4）——USART0UART 控制

位	名称	复位	R/W	描 述
7	FLUSH	0	R0/W1	清除单元。当设置时，该事件将会立即停止当前操作并且返回单元的空闲状态
6	FLOW	0	R/W	UART 硬件流使能。用 RTS 和 CTS 引脚选择硬件流控制的使用： 0：流控制禁止。 1：流控制使能
5	D9	0	R/W	UART 奇偶校验位。当使能奇偶校验，写入 D9 位的值决定发送的第 9 位的值，如果收到的第 9 位不匹配，收到字节的奇偶校验，接收时报告 ERR。 0：奇校验。 1：偶校验

续表

位	名称	复位	R/W	描 述
4	BIT9	0	R/W	UART9 位数据使能。当该位是 1 时，使能奇偶校验位传输（即第 9 位）。如果通过 PARITY 使能奇偶校验，第 9 位的内容是通过 D9 给出的。 0：8 位传送。 1：9 位传送
3	PARITY	0	R/W	UART 奇偶校验使能。除了为奇偶校验设置该位用于计算，必须使能 9 位模式。 0：禁用奇偶校验。 1：奇偶校验使能
2	SPB	0	R/W	UART 停止位的位数。选择要传送的停止位的位数。 0：1 位停止位。 1：2 位停止位
1	STOP	1	R/W	UART 停止位的电平必须不同于开始位的电平。 0：停止位低电平。 1：停止位高电平
0	START	0	R/W	UART 起始位电平。闲置线的极性采用选择的起始位级别的电平的相反电平。 0：起始位低电平。 1：起始位高电平

注：USART1 的 U1UCR（0xFB）类同 U0UCR。

表 E-3　U0GCR（0xC5）——USART0 通用控制

位	名称	复位	R/W	描 述
7	CP0L	0	R/W	SPI 的时钟极性： 0：负时钟极性。 1：正时钟极性
6	CPHA	0	R/W	SPI 时钟相位： 0：当 SCK 从 CP0L 倒置到 CP0L 时数据输出到 MOSI，并且当 SCK 从 CP0L 倒置到 CP0L 时，数据输入抽样到 MISO。 1：当 SCK 从 CP0L 倒置到 CP0L 时数据输出到 MOSI，并且当 SCK 从 CP0L 倒置到 CP0L 时数据输入抽样到 MISO。
5	ORDER	0	R/W	传送位顺序： 0：LSB 先传送。 1：MSB 先传送
4:0	BAUD_E[4:0]	0 0000	R/W	波特率指数值。BAUD_E 和 BAUD_M 决定了 UART 波特率 和 SPI 的主 SCK 时钟频率。

注：USART1 的 U1GCR（0xFC）类同 U0GCR。

表 E-4　U0BUF（0xC1）——USART0 接收 / 传送数据缓存

位	名称	复位	R/W	描 述
7:0	DATA[7:0]	0x00	R/W	USART 接收和传送数据。当写这个寄存器时，数据被写到内部，传送数据寄存器；当读取该寄存器时，数据来自内部读取的数据寄存器

注：USART1 的 U1BUF（0xF9）类同 U0BUF。

表 E-5　U0BAUD（0xC2）——USART0 波特率控制

位	名称	复位	R/W	描　述
7:0	BAUD_M[7:0]	0x00	R/W	波特率小数部分的值。BAUD_E 和 BAUD_M 决定了 UART 的波特率和 SPI 的主 SCK 时钟频率

注：USART1 的 U1BAUD（0xFA）类同 U0BAUD。

附录 F　ADC 寄存器功能

ADC 寄存器功能介绍如表 F-1~ 表 F-5 所示。

表 F-1　ADCL（0xBA）——ADC 数据低位

位	名称	复位	R/W	描　述
7:2	ADC[5:0]	0000 00	R	ADC 转换结果的低位部分
1:0	—	00	R0	没有使用，读出来一直是 0

表 F-2　ADCH（0xBB）——ADC 数据高位

位	名称	复位	R/W	描　述
7:0	ADC[13:6]	0x00	R	ADC 转换结果的高位部分

表 F-3　ADCCON1（0xB4）——ADC 控制 1

位	名称	复位	R/W	描　述
7	EOC	0	R/H0	转换结束。当 ADCH 被读取的时候清除。如果已读取前一数据之前，完成一个新的转换，EOC 位仍然为高。 0：转换没有完成。 1：转换完成
6	ST	0	R/W	开始转换。读为 1，直到转换完成。 0：没有转换正在进行。 1：如果 ADCCON1.STSEL=11 并且没有序列正在运行就启动一个转换序列
5:4	STSEL[1:0]	11	R/W1	启动选择。选择该事件，将启动一个新的转换序列。 00：P2.0 引脚的外部触发。 01：全速。不等待触发器。 10：T1 通道 0 比较事件。 11：ADCCON1.ST=1
3:2	RCTRL[1:0]	00	R/W	控制 16 位随机数发生器。写 01 时，当操作完成时设置将自动返回到 00。 00：正常运行（13X 型展开）。 01：LFSR 的时钟一次（没有展开）。 10：保留。 11：停止。关闭随机数发生器
1:0	—	11	R/W	保留。一直设为 11

表 F-4 ADCCON2（0xB5）——ADC 控制 2

位	名称	复位	R/W	描 述
7:6	SREF[1:0]	00	R/W	选择参考电压用于序列转换： 00：内部参考电压。 01：AIN7 引脚上的外部参考电压。 10：AVDD5 引脚。 11：AIN6~AIN7 差分输入外部参考电压
5:4	SDIV[1:0]	01	R/W	为包含在转换序列内的通道设置抽取率。抽取率也决定完成转换需要的时间和分辨率： 00：64 抽取率（7 位 ENOB）。 01：128 抽取率（9 位 ENOB）。 10：256 抽取率（10 位 ENOB）。 11：512 抽取率（12 位 ENOB）
3:0	SCH[3:0]	0000	R/W	序列通道选择。选择序列结束。一个序列可以从 AIN0 到 AIN7（SCH ≤ 7），也可以从差分输入 AIN0-AIN1 到 AIN6-AIN7。（8 ≤ SCH ≤ 11）。对于其他的设置，只能执行单个转换。当读取的时候，这些位将代表有转换进行的通道号码。 0000：AIN0。 0001：AIN1。 0010：AIN2。 0001：AIN3。 0100：AIN4。 0101：AIN5。 0100：AIN6。 0111：AIN7。 1000：AIN0-AIN1。 1001：AIN2-AIN3。 1010：AIN4-AIN5。 1011：AIN6-AIN7。 1100：GND。 1101：正电压参考。 1110：温度传感器。 1111：VDD/3

表 F-5 ADCCON3（0xB6）——ADC 控制 3

位	名称	复位	R/W	描 述
7:6	EREF[1:0]	00	R/W	选择用于额外转换的参考电压： 00：内部参考电压。 01：AIN7 引脚上的外部参考电压。 10：AVDD5 引脚。 11：AIN6-AIN7 差分输入外部参考电压
5:4	EDIV[1:0]	00	R/W	设置用于额外转换的抽取率。抽取率也决定完成转换需要的时间和分辨率。 00：64 抽取率（7 位 ENOB）。 01：128 抽取率（9 位 ENOB）。 10：256 抽取率（10 位 ENOB）。 11：512 抽取率（12 位 ENOB）

续表

位	名称	复位	R/W	描　述
3:0	ECH[3:0]	0000	R/W	单个通道选择。选择写 ADCCON3 触发的单个转换所在的通道号码。当单个转换完成，该位自动清除。 0000：AIN0。 0001：AIN1。 0010：AIN2。 0001：AIN3。 0100：AIN4。 0101：AIN5。 0100：AIN6。 0111：AIN7。 1000：AIN0-AIN1。 1001：AIN2-AIN3。 1010：AIN4-AIN5。 1011：AIN6-AIN7。 1100：GND。 1101：正电压参考。 1110：温度传感器。 1111：VDD/3

附录 G　看门狗寄存器功能

看门狗寄存器功能介绍如表 G-1 所示。

表 G-1　WDCTL（0xC9）——看门狗定时器控制

位	名称	复位	R/W	描　述
7:4	CLR[3:0]	0000	R0/W	清除 WDT。当 0xA 跟随 0x5 写到这些位，WDT 被清除（即加载 0）。 注意：WDT 仅写入 0xA 后，在 1 个看门狗时钟周期内写入 0x5 时被清除。当 WDT 是 IDLE 时写这些位没有影响。当运行在定时器模式，WDT 可以通过写 1 到 CLR[0]（不管其他 3 位）被清除为 0x0000（但是不停止）
3:2	MODE[1:0]	00		模式选择。该位用于启动 WDT 处于看门狗模式还是定时器模式。当处于定时器模式，设置这些位为 IDLE 将停止 WDT。 注意：当运行在定时器模式时要转换到看门狗模式，首先停止 WDT，然后启动 WDT 处于看门狗模式。当运行在看门狗模式，写这些位没有影响。 00：IDLE。 01：IDLE（未使用，等于 00 设置）。 10：看门狗模式。 11：定时器模式
1:0	INT[1:0]	00	R0	定时器间隔选择。这些位选择定时器间隔定义为 32 kHz 振荡器 周期的规定数。 注意：间隔只能在 WDT 处于 IDLE 时改变，这样 间隔必须在 WDT 启动的同时设置。 00：定时周期 ×32 768（约 1 s）当运行在 32 kHz XOSC。 01：定时周期 ×8 192（约 0.25 s）。 10：定时周期 ×512（约 15.625 ms）。 11：定时周期 ×64（约 1.9ms）

附录 H 电源管理寄存器

电源管理寄存器功能介绍如表 H-1~ 表 H-6 所示。

表 H-1 PCON（0x87）——供电模式控制

位	名称	复位	R/W	描 述
7:1	—	0000 000	R/W	未使用，总是写作 0000 000
0	IDLE	0	R0/WH0	供电模式控制。写 1 到该位强制设备进入 SLEEP.MOD（注意：MODE=0x00 且 IDLE=1 将停止 CPU 内核活动）设置的供电模式，这位读出来一直是 0。当活动时，所有的使能中断将清除这个位，设备将重新进入主动模式

表 H-2 STLOAD（0xAD）——睡眠定时器加载状态

位	名称	复位	R/W	描 述
7:1	—	0000 000	R0	保留
0	LDRDY	1	R	加载准备好。当睡眠定时器加载 24 位比较值，该位是 0。当睡眠定时器准备好开始加载一个新的比较值，该位是 1

表 H-3 SLEEPSTA（0x9D）——睡眠模式控制状态

位	名称	复位	R/W	描 述
7	OSC32K_CALDIS	0	R	32 kHz RC 振荡器校准状态。 SLEEPSTA.OSC32K_CALDIS 显示禁用 32 kHz RC 振荡器校准的当前状态。在芯片运行在 32 kHz RC 振荡器之前，该位设置的值不等于 SLEEPCMD.OSC32K_CALDIS。这一设置可以在任何时间写入，但是在芯片运行在 16 MHz 高频 RC 振荡器之前不起作用
6:5	—	00	R	保留
4:3	RST[1:0]	xx	R	状态位，表示上一次复位的原因。如果有多个复位，寄存器只包括最新的事件。 00：上电复位和掉电探测。 01：外部复位。 10：看门狗定时器复位。 11：时钟丢失复位
2:1	—	00	R	保留
0	CLK32K	0	R	32 kHz 时钟信号（与系统时钟同步）

表 H-4 ST2（0x97）——睡眠定时器 2

位	名称	复位	R/W	描 述
7:0	ST2[7:0]	0x00	R/W	睡眠定时器计数 / 比较值。当读取时，该寄存器返回睡眠定时器的高位 [23:16]。当写该寄存器的值时设置比较值的高位 [23:16]。在读寄存器 ST0 的时候值的读取是锁定的。当写 ST0 的时候写该值是锁定的

表 H-5　ST1（0x96）——睡眠定时器 1

位	名称	复位	R/W	描　述
7:0	ST1[7:0]	0x00	R/W	睡眠定时器计数 / 比较值。当读取时，该寄存器返回睡眠定时器的高位 [15:8]。当写该寄存器的值时设置比较值的高位 [15:8]。在读寄存器 ST0 的时候值的读取是锁定的。当写 ST0 的时候写该值是锁定的

表 H-6　ST0（0x95）——睡眠定时器 0

位	名称	复位	R/W	描　述
7:0	ST0[7:0]	0x00	R/W	睡眠定时器计数 / 比较值。当读取时，该寄存器返回睡眠定时器的高位 [7:0]。当写该寄存器的值时设置比较值的高位 [7:0]。写该寄存器被忽略，除非 STLOAD.LDRDY 是 1